AutoCAD 2011 机械设计绘图基础教程

陈　敏　刘晓叙　编著

U0311261

重庆大学出版社

内 容 提 要

本书系统地介绍了 AutoCAD 2011 软件的主要功能及其在机械设计绘图中的应用方法。全书共 11 章,其主要内容包括 AutoCAD 2011 的基本操作、主要的绘图、修改和编辑命令、辅助绘图工具、尺寸标注命令、平面二维图形的绘制、零件图和装配图的绘制、参数化绘图、三维实体模型的创建与编辑和图形文件的输出,并介绍了 AutoCAD 软件的"设计中心""特性""工具选项板"的主要功能和使用方法。在主要的教学单元后有上机练习和指导。本书以大量的实例,详细地讲解了在 AutoCAD 2011 软件的环境下,进行机械图绘制的方法。在内容的编排上,循序渐进,具有很好的可读性、可操作和实用性。

本书可作为大中专院校机械类和近机类专业学习 AutoCAD 2011 软件的教材,也可作为工程技术人员学习 AutoCAD 2011 软件的参考教材。

图书在版编目(CIP)数据

AutoCAD 2011 机械设计绘图基础教程/陈敏,刘晓叙编著.
—重庆:重庆大学出版社,2012.2(2016.7 重印)
ISBN 978-7-5624-6554-6

Ⅰ.①A… Ⅱ.①陈…②刘… Ⅲ.①机械设计:计算机辅助
设计—AutoCAD 软件—教材 Ⅳ.①TH122

中国版本图书馆 CIP 数据核字(2012)第 016351 号

AutoCAD 2011 机械设计绘图基础教程
陈 敏 刘晓叙 编著
策划编辑:曾令维
责任编辑:李定群 高鸿宽 版式设计:曾令维
责任校对:任卓惠 责任印制:赵 晟
*
重庆大学出版社出版发行
出版人:易树平
社址:重庆市沙坪坝区大学城西路 21 号
邮编:401331
电话:(023) 88617190 88617185(中小学)
传真:(023) 88617186 88617166
网址:http://www.cqup.com.cn
邮箱:fxk@ cqup.com.cn(营销中心)
全国新华书店经销
重庆华林天美印务有限公司印刷
*
开本:787mm×1092mm 1/16 印张:17 字数:424 千
2012 年 2 月第 1 版 2016 年 7 月第 12 次印刷
印数:8 144—9 843
ISBN 978-7-5624-6554-6 定价:32.00 元

前　言

AutoCAD 2011 是 Autodesk 公司新推出的计算机辅助绘图软件。该软件主要用于平面绘图、三维造型，在机械工程、建筑工程、电子工程、航空航天、船舶工程和室内装饰设计等领域，并得到广泛应用。AutoCAD 2011 是该软件的新版本，在许多方面对以前的版本进行了改进和完善，并新增了部分功能。

本书主要针对初学者在已经学习和掌握机械制图基本知识后，学习应用 AutoCAD 软件，进行计算机辅助机械设计绘图而编写的。随着 AutoCAD 软件的改进和不断推出新的版本，其功能和内容也越来越多，但考虑到本书的主要使用对象是基本完成机械制图学习的大学生，以及目前实际教学课时的限制，在编写的过程中，对 AutoCAD 功能方面的教学内容没有追求面面俱到，而是侧重按照计算机辅助机械设计绘图的基本要求，按照循序渐进的学习方法，从介绍 AutoCAD 的界面、基本操作方法、绘图和编辑功能开始，到如何绘制完整的机械产品零件图、装配图。在这个过程中，注意从一开始就培养和训练学生养成良好的应用 AutoCAD 软件绘图的操作方法和习惯，以达到学生在较短的时间内，通过课堂教学和上机练习，基本掌握应用 AutoCAD 软件进行机械产品设计绘图的技能，实现从传统的图板尺规绘图到计算机辅助绘图的转变。同时，考虑到学生进一步学习 AutoCAD 的需要，也适当地介绍了一些扩展的内容，如参数化绘图、动态块和三维造型设计方面的内容。在编写过程中，注意贯彻我国机械制图方面的国家标准。

本书配有大量插图，语言通俗易懂，对例子的讲解较为详细，可操作性强，便于学生进行自学和上机练习。同时，对一些常用的操作技巧和注意事项也进行了提示。在多数章节的后面，都有上机练习和指导。

本书由陈敏、刘晓叙编著。其中，第 1—5 章由刘晓叙编写；第 6—11 章由陈敏编写。

本书可作为大中专院校机械类和近机类专业学习 AutoCAD 软件的教材，也可作为工程技术人员学习 AutoCAD 2011 软件的参考教材。

由于 AutoCAD 2011 内容很多和作者水平有限，书中内容难免有不足之处，望专家和读者指正。

编　者
2011 年 8 月

目　录

第 1 章
AutoCAD 2011 概述

AutoCAD 2011 是美国 Autodesk 公司开发的计算机辅助设计和绘图软件的新版本。Auto-CAD 软件从 1982 年推出以来,随着计算机硬件技术和操作系统的发展,Autodesk 公司对软件也不断进行升级和完善,由于 Windows 视窗操作系统逐步取代 DOS 操作系统,从 R12 开始增加了 Windows 的版本,R14 以后的版本则完全取消了 DOS 版。1997 年发布的 AutoCAD R14 版是该软件改进较大的一个版本,同时,为适应中国市场快速发展的要求,Autodesk 公司于 1998 年 4 月正式推出 AutoCAD R14 简体中文版,从 AutoCAD R14 以后的版本都有正式的中文版;1999 年 AutoCAD 公司推出了 AutoCAD 2000 版本。

AutoCAD 软件问世以来,便受到工程设计人员的欢迎,随着其软件功能的不断完善和改进,在机械、建筑和电子等工程设计领域得到越来越广泛的应用,是目前计算机 CAD 系统中,使用最广和最为普及的集二维绘图、三维实体造型、关联数据库管理和互联网通信于一体的通用图形设计软件。

1.1 安装 AutoCAD 2011 对计算机系统的要求

对 32 位机硬件和软件的要求:
- 需要以下操作系统的 Service Pack 2(SP2)或更高版本:

Microsoft® Windows® XP Professional

Windows XP Home

或以下操作系统的 Service Pack 1(SP1)或更高版本:

Windows Vista® Enterprise

Windows Vista Business

Windows Vista Ultimate

Windows Vista Home Premium

或以下操作系统:

Windows 7 Enterprise

Windows 7 Ultimate

Windows 7 Professional

Windows 7 Home Premium

● Microsoft Internet Explorer 7.0(或更高版本)浏览器。

● 处理器:Windows XP-Intel® Pentium® 4 或 AMD Athlon™ Dual Core,1.6 GHz 或更高,采用 SSE2 技术;或 Windows Vista 或 Windows 7-Intel Pentium 4 或 AMD Athlon Dual Core,3.0 GHz 或更高,采用 SSE2 技术。

● 内存:2 GB   RAM。

● 显示器:具有真彩色的 1024×768。

● 硬盘:安装 1.8 GB。

注意:不能在 64 位 Windows 操作系统上安装 32 位 AutoCAD,反之亦然。

● 鼠标、轨迹球或其他定位设备。

1.2　AutoCAD 2011 绘图入门

1.2.1　**启动** AutoCAD 2011

可以采用以下几种方法来启动 AutoCAD 2011:

方法 1:用鼠标双击桌面上 AutoCAD 2011 图标。

方法 2:单击 Windows 桌面左下角的"开始"按钮,在弹出的菜单中选择"程序"→"Autodesk"→"AutoCAD 2011-Simplified Chinese"→"AutoCAD 2011"。

方法 3:从"我的电脑"或"资源管理器"中,双击任一已经存盘的 AutoCAD 2011 图形文件(∗.dwg 文件)。

1.2.2　AutoCAD 2011 **的工作界面**

启动 AutoCAD 2011 以后,将出现如图 1-1 所示的欢迎界面。

图 1-1　AutoCAD 2011 欢迎界面

在欢迎界面上,有 AutoCAD 2011 主要新增功能的视频动画讲解。通过学习,读者可以较快地学习和了解 AutoCAD 2011 的新增功能。

如果不选中"欢迎屏幕"左下角的"启动时显示此对话框",则下次启动时,不会再出现"欢迎屏幕"。关闭此"欢迎屏幕"后,就进入 AutoCAD 2011 的绘图界面。AutoCAD 2011 经典工作界面如图 1-2 所示。

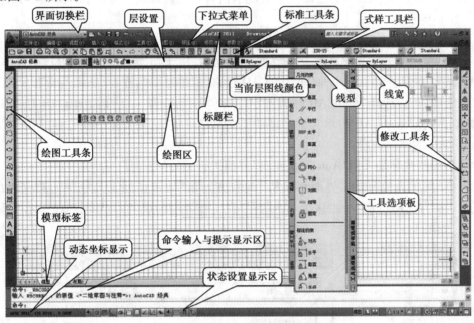

图 1-2　AutoCAD 2011 的经典工作界面

AutoCAD 2011 经典工作界面主要包括标题栏、下拉菜单、绘图区、命令提示区、状态栏、标准工具条、绘图工具条、修改工具条、滚动条及视窗控制按钮等。用户也可以根据需要安排适合自己的工作界面。

AutoCAD 2011 的"二维草图与注释"界面如图 1-3 所示。

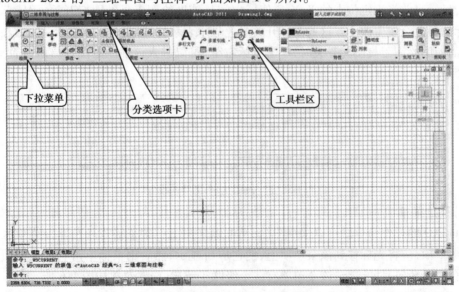

图 1-3　AutoCAD 2011 的"二维草图与注释"界面

这种风格的界面是从 AutoCAD 2008 开始提供的,界面的特点是将 AutoCAD 的命令按类别和功能的不同进行了分类。

(1)视窗控制按钮及滚动条

AutoCAD 2011 提供与 Windows 相同的视窗控制按钮及滚动条,用来控制窗口的打开、关闭、最大化、最小化、还原及平移绘图区中的显示内容。其具体操作方法和 Windows 对应操作相同。

(2)界面切换栏、快速访问工具栏和标题栏

"界面切换栏"位于 AutoCAD 2011 界面的左上角,用于切换 AutoCAD 2011 界面的风格。AutoCAD 2011 的工作界面有 4 种,即 AutoCAD 经典、二维草图与注释、三维基础和三维建模。作为二维绘图,可以选择"AutoCAD 经典"或"二维草图与注释"。所谓 AutoCAD 经典工作界面,是指该界面与 AutoCAD 2008 以前版本的界面风格一致,这主要是方便已经使用过以前版本的 AutoCAD 的用户使用。

本书后面的内容是采用"AutoCAD 经典"界面进行编写的。

"快速访问工具栏"位于"界面切换栏"的右方。在"快速访问工具栏"中,有文件的"新建""打开"和"保存"等命令的图标。"标题栏"在工作界面的最上面中间位置,显示当前图形的文件名,如图 1-4 所示。

图 1-4　界面切换栏、快速访问工具栏和标题栏

(3)状态设置显示区

AutoCAD 2011 的状态栏在工作界面的左下角,用来显示当前的操作状态。最左边是坐标显示区,显示当前光标定位点的 X,Y,Z 值。中间是辅助绘图工具的图标开关,用鼠标单击图标,图标的颜色会发生改变。这些图标开关彩色显示表示打开,灰色显示表示关闭。在光标指向相应的辅助绘图工具图标开关时,单击鼠标右键,可以进入该辅助绘图工具的设置对话框,如图 1-5 所示。

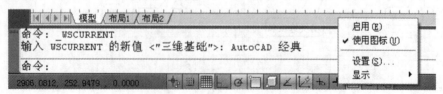

图 1-5　进入辅助绘图工具的设置

(4)下拉菜单

AutoCAD 的操作命令既可以采用图标,又可以采用下拉菜单输入。在下拉菜单区里要选取某个菜单项,应将光标移到该菜单项上,使它醒目显示,然后用鼠标单击它。菜单项右边若有一黑色小三角符号的,表示该菜单项有一个级联子菜单,级联菜单如图 1-6 所示。

菜单项后面有"…"符号的,表示选中该菜单项时将会弹出一个对话框,用户可以通过该对话框进行相应的操作。如图 1-7 所示为绘图下拉菜单"图案填充"命令打开的"图案填充和渐变色"对话框。

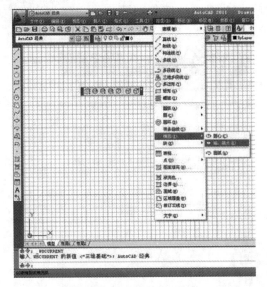

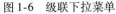

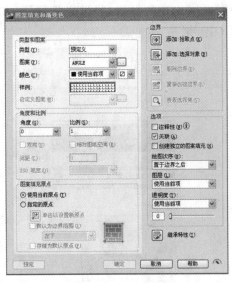

图 1-6　级联下拉菜单　　　　　　　　　图 1-7　"图案填充和渐变色"对话框

(5) 应用程序按钮

单击界面左上角的应用程序图标，可以打开常用的应用程序，进行文件的打开、保存、打印、发布等操作，如图 1-8 所示。在菜单中，将光标放在右边的箭头上，右侧会显示子菜单，如图 1-9 所示。

图 1-8　应用程序菜单　　　　　　　　　图 1-9　应用程序子菜单

(6) 工具条

系统默认的工具条由常用的绘图工具条和修改工具条组成，是由一系列图标按钮构成的，每一个图标按钮形象化地表示了一条 AutoCAD 命令。单击某一个图标按钮，即可调用相应的命令。如需要使用其他工具条，也可以调出。

　　如果把光标指向某个命令按钮并停顿一下,屏幕上就会显示出该按钮的名称以及该按钮功能的简要说明,这个功能称为"鼠标悬停工具提示"。如图1-10(a)所示为光标指向直线命令图标 出现的提示;如果光标停留的时间延长,会出现该图标功能进一步详细说明,如图1-10(b)所示。

（a）

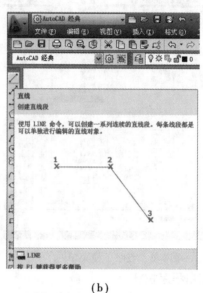

（b）

图1-10　图标命令悬浮提示

(7) 绘图区

　　绘图区是显示绘制图形的区域。进入绘图状态时,在绘图窗口的光标显示为十字光标,用于绘制图形或修改对象,十字线的交点为光标的当前位置。当光标移出绘图区指向工具条、下拉菜单等项时,光标显示为箭头形式。

　　在绘图区左下角显示有坐标系图标,它显示了当前所使用的坐标系形式和坐标方向。在AutoCAD中进行绘图操作,可以采用以下两种坐标系:

　　● 世界坐标系(WCS):这是 AutoCAD 系统默认的坐标系统,是固定的坐标系统,绘制图形时,基本上是在这个坐标系统下进行的。

　　● 用户坐标系(UCS):这是用户利用 UCS 命令相对于世界坐标系重新定位、定向的坐标系。

　　在默认状态下,当前 UCS 与 WCS 重合。

(8) 命令提示区

　　命令提示区也称为文本区,是用户输入命令(Command)和显示命令提示信息的地方。命令提示区缺省状态是显示3行,初学者在绘图过程中,在输入命令后,应注意这个区的提示信息,并根据提示信息进行正确的操作。

(9) 模型标签和布局标签

　　新建一张新图时,可以在绘图窗口的底部看到类似 Excel 电子表格的3个标签,即"模型""布局1""布局2"。单击模型标签表示进入模型空间(默认)。布局1和布局2用来在图纸空间中规划出图的布局,用户可以在此将图形安排在打印纸张的任意位置。如果将鼠标指向任意一个标签单击右键,可以用弹出的快捷菜单新建、删除、重命名、移动或复制布局,也可以进行页面设置等操作。

(10)文本窗口

AutoCAD 2011 的"文本"窗口,如图 1-11 所示。它是显示当前绘图过程中命令的输入和执行的相关文字信息,按 F2 键可以实现绘图窗口与文本窗口之间的切换。

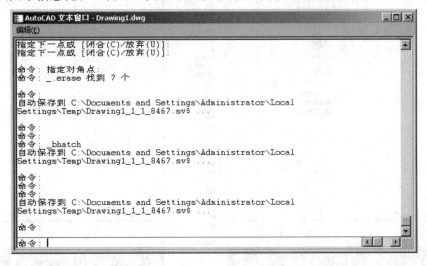

图 1-11　"文本窗口"

1.2.3　工具栏基本操作

(1)打开或关闭工具栏

在 AutoCAD 2011 中,用户可以按自己的需要和使用习惯进行工具栏的"自定义",相对于以前的版本,从 AutoCAD 2006 开始,这部分的内容有较大的变化,给用户提供了更多的选择。工具栏和界面的设置有 3 种基本的情况。

1)打开新的工具栏

在 AutoCAD 2011 启动后,在经典模式下,按系统默认的设置,将显示"标准""工作空间""绘图""特性""图层""修改"和"样式"等工具栏,其余的工具栏处于隐蔽状态。在使用过程中,如果需要打开新的工具栏,可以将光标移动到工具栏上,单击鼠标右键,在弹出的快捷菜单中,选定需要的工具栏,如图 1-12 所示。例如,选中"标注",该工具栏就会浮动显示出来,如图 1-13所示。

2)建立新的下拉菜单

标准菜单中的命令是按命令的类别进行分类的。在绘图中,经常要输入的几个命令可能要在不同的下拉菜单中去找,有时会感到一些不方便。在 AutoCAD 2011 中,用户可以建立包含自己所需命令组合的新的下拉菜单,可以很好地解决这个问题。

方法 1:在下拉菜单中,选择"视图"→"工具栏"→"界面"命令。

方法 2:在命令行中输入命令"TOOLBAR"。

执行命令后,将弹出"自定义用户界面"对话框,如图 1-14 所示。对话框主要有两个可折叠的窗口:上部的"所有文件中的自定义设置"和中间的"命令列表"。"所有文件中的自定义设置"是对软件所有操作命令的定义与设置,其内容如图 1-15 所示。在"命令列表"的下拉菜单中,可以选择要显示的命令。图 1-14 显示了"标注"菜单的所有命令。

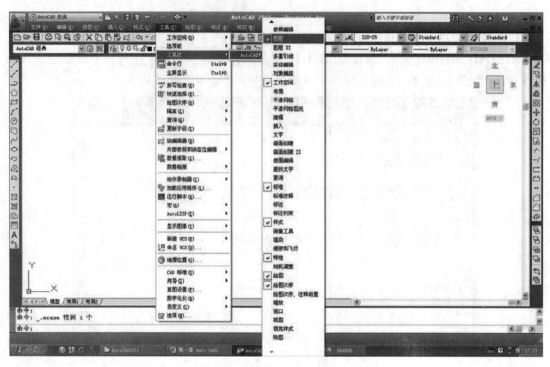

图 1-12　工具栏快捷菜单

图 1-13　浮动显示的"标注"工具栏

图 1-14　"自定义用户界面"对话框

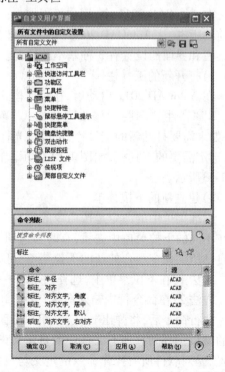

图 1-15　"所有文件中的自定义设置"对话框

在打开"所有文件中的自定义设置"对话框后，选中树状目录中的"菜单"，单击鼠标右键，在出现的快捷菜单中，选中"新建"。在选中了"新建"后面的"菜单"后，在菜单的文件夹中，会增加刚新建的"菜单 1"，如图1-16所示。

对新建的"菜单 1"可以更改菜单名，方法与 Windows 的操作类似。这时，新建的菜单中还是空的，没有命令。向菜单中增加自己所需命令的方法是：从下面的"命令列表"框中，选中所需的命令，将其拖入新建的"菜单 1"即可。在本例中，添加了"CAD 标准检查""标注 对齐文字 角度"两个命令。

图 1-16　"所有 CUI 文件中的自定义"对话框

单击"用户自定义界面"对话框中的"应用"按钮，关闭对话框后，刚才新建的"菜单 1"就会显示在界面的菜单栏上，如图 1-17 所示。

图 1-17　新建菜单效果图

3）新建工具条

新建工具条的操作与新建菜单的操作是类似的，通过新建工具条的方式，可以把在绘图过程中，经常要使用的几个命令图标放在一起，给绘图提供方便。

对新建的"菜单"或"工具条"，在使用后都可以删除。其方法是：打开"用户自定义"对话框，在"所有 CUI 文件中的自定义"对话框的树状目录中，找到新建的"菜单"或"工具条"后，单击鼠标右键，在出现的快捷菜单中，选中"删除"即可。

（2）浮动或固定工具栏

在用户界面中，工具栏的显示方式有固定方式和浮动方式。所谓固定方式，是指工具栏被固定在 AutoCAD 窗口的顶部、底部或两侧，并隐藏工具栏的标题。

图 1-18　弹出式工具栏

在浮动方式下，将光标移动到浮动工具栏上，按住鼠标左键，可以拖动工具栏在屏幕上自由移动，当拖动工具栏到绘图区边界时，工具栏的显示变成固定方式。

（3）弹出式工具栏

在某些工具图标中，其右下角有一个小三角标记，将光标移动到该图标上，按住鼠标左键，将弹出相应的工具栏，按住鼠标左键不放，移动光标到所要的图标上，然后松开鼠标，则所选图标成为工具栏当前图标，单击当前图标，可执行相应的命令，如图 1-18 所示。

1.2.4 AutoCAD 2011 显示设置的修改

第一次安装并运行 AutoCAD 2011 时,系统显示的是默认的界面。对系统的默认设置,可以在下拉菜单中,选择"工具"菜单的"选项"对话框来对系统的显示等项目进行修改,"选项"对话框如图 1-19 所示,上面有多个选项。下面仅对初学者常用的选项修改设置加以说明。

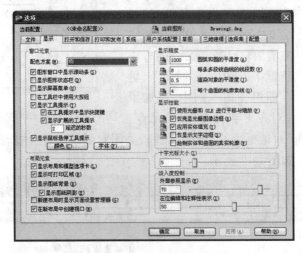

图 1-19 "选项"对话框

(1) 修改绘图窗口的颜色

在默认状态下,AutoCAD 2011 的绘图窗口是深色背景,利用"选项"对话框,用户可以对背景和线条颜色进行修改。

修改方法如下:

①单击"显示"选项卡中"窗口元素"区域的"颜色"按钮,打开如图 1-20 所示的"图形窗口颜色"对话框。在该对话框中,可以对背景、背景中的界面元素分别选择和设置不同的颜色,在下面的预览窗口中,可以预览设置后的效果。

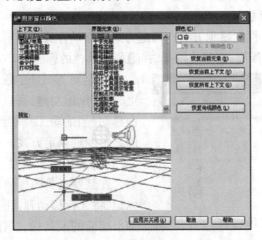

图 1-20 "颜色"对话框

②单击"图形窗口颜色"对话框中"颜色"下拉列表,在其中选择自己喜欢的颜色。例如,选择"白色",则单击"白色",然后单击"应用并关闭"按钮,则绘图窗口变成了白色背景、黑色

线条。除设置背景颜色和线条颜色外,还可以对界面元素框中列出的光标、自动追踪、自动捕捉标记等元素设置喜欢的颜色。

(2)显示精度

显示精度是指显示所画的曲线或圆的平滑度,显示精度值越大,则越平滑。在绘图过程中,当所绘制的圆或圆弧在屏幕显示出现折线的情况时,可以修改显示精度值,改善显示的平滑度。AutoCAD 2011 的系统设置默认值是 1 000,一般不用重新设置。

注意:图形的圆弧屏幕显示出现折线的情况,并不会影响最后图纸输出的效果。

(3)"线宽显示"的修改

从 AutoCAD 2000 开始,AutoCAD 提供了显示绘图所用线型宽度的新功能,可以使所绘图形的显示更为直观。在状态显示设置区打开线宽显示按钮"＋"后,将会显示出所设定的线宽,但系统默认设置的线宽显示比例较大,在显示时较实际设置值要大一些。为了使显示的线宽与设定值更为接近,可以修改系统的默认配置。其方法如下:

①在"选项"对话框中,选择"用户系统配置"选项卡,如图 1-21 所示。

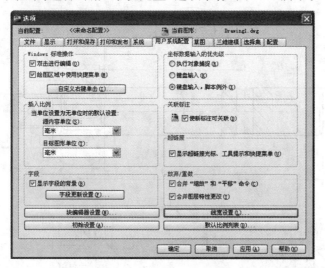

图 1-21　"用户系统配置"选项卡

②单击右下角的"线宽设置(L)"按钮,弹出"线宽设置"对话框,如图 1-22 所示。

③"调整显示比例"的滑块向最小方向调整,即可减小线宽的显示比例。如果希望在绘图过程中,一直显示线宽,应选择"显示线宽(D)"复选框。

④调整到合适位置后,单击"应用并关闭"按钮,结束设置。

图 1-22　"线宽设置"对话框

注意:这里仅仅是调整线宽的屏幕显示比例,在实际打印输出图形时,仍然是按所设置的线宽打印的。

1.3 AutoCAD 软件的主要功能

作为一种使用范围广泛的计算机辅助设计软件,AutoCAD 系列软件经过不断的改进和完善,其功能可以说是十分强大。下面仅对其主要的功能作一简要介绍。

(1)二维绘图功能

AutoCAD 提供了一系列较为完善且强大的二维绘图功能,可以方便地绘制各种二维的工程图样,除了基本的绘图命令让使用者轻松地绘制直线、圆、圆弧、正多边形,进行各种剖面的剖面线填充,如金属材料、非金属材料等;还有方便的尺寸标注功能、文本输入以及表格功能,用户可以自己定义尺寸的标注式样,也可以标注形位公差和尺寸公差。用 AutoCAD 绘制的零件图样如图 1-23 所示。

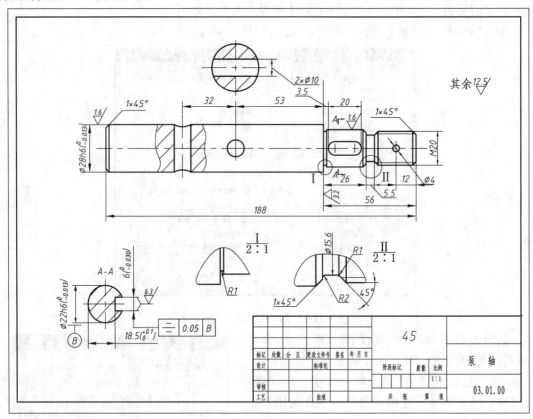

图 1-23 泵轴零件图

(2)图形修改编辑和辅助绘图功能

AutoCAD 不仅提供了方便的图形编辑和修改功能,如图形的删除、移动、旋转、复制、修剪、延长、倒角、阵列、镜像,还提供多种辅助绘图工具,如栅格、捕捉、正交、极轴追踪等,为了便于图形的修改,还提供对图层、线型和图层颜色的设置与管理功能。

由于计算机屏幕的显示较小,因此,AutoCAD 提供多种方法来显示和观察图形。用"缩放""平移"等功能可以在窗口中移动图纸,或者改变当前视口中图形的视觉尺寸,使人们可以清晰地观察图形的全部或图形的一个局部细节。

(3) 参数化绘图功能

从 AutoCAD 2010 开始, AutoCAD 提供了参数化绘图的功能。在 AutoCAD 2011 中, 又增加了约束推断的功能。采用参数化绘图, 可以按设计需要, 设置图形对象之间的约束关系, 如垂直, 相切, 同心等; 其图形元素的大小, 是按给定的尺寸驱动的, 即修改尺寸后, 图形元素的大小也会相应地改变。

(4) 三维实体造型功能

AutoCAD 提供了多种三维绘图命令, 可以方便地生成各种基本的几何实体, 如长方体、圆柱体、球体、圆锥体、圆环体等; 在此基础上, 对立体运用交、并、差等布尔运算命令, 可以生成更为复杂的三维实体, 还可以用三维实体直接生成二维平面图形。对生成的实体可以为其设置光源并赋予材质, 进行渲染处理, 从而得到非常逼真的三维效果图。如图 1-24 所示为支座的三维实体造型线框图。渲染处理后的效果如图 1-25 所示。

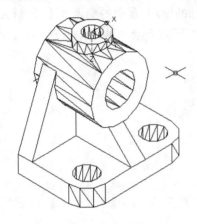

图 1-24　支座线框图　　　　　　　　　　图 1-25　渲染后的支座图

作为计算机辅助设计功能的一部分, 对生成的实体可以方便地运用查询功能, 得到实体的体积、质心、惯性矩等设计参数。

(5) 数据交换与二次开发功能

AutoCAD 提供了多种图形、图像数据交换格式和相应的命令, 与其他 CAD 系统或应用程序进行数据交换。利用 Windows 环境中剪切板和对象链接嵌入技术, 与 Windows 应用程序交换数据。

AutoCAD 提供有多种编程接口, 支持用户使用内嵌或外部编程语言, 如 Auto LISP, Visual Lisp, Visual C ++, Visual Basic(VB)等对其进行二次开发, 以扩充 AutoCAD 的功能。

第 **2** 章

AutoCAD 2011 的基本操作方法

本章介绍 AutoCAD 2011 软件的基本操作方法,如鼠标的使用、命令的输入方法、图形文件的打开与保存等。通过本章的学习,建立在 AutoCAD 2011 环境下绘图的基本概念,为后续的学习打下基础。

2.1 鼠标与键盘的操作

2.1.1 鼠标的操作

用 AutoCAD 软件绘图时,鼠标是命令输入及操作的主要工具。其基本操作方法如下:

(1)单击鼠标左键

①点选操作命令图标或下拉菜单命令、控制状态开关。

②绘图操作中的定位。

③拾取,如拾取点和要进行操作的图形对象。

(2)单击鼠标右键

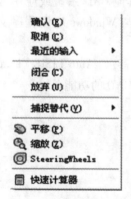

图 2-1　快捷菜单

①在绘图操作中,单击鼠标右键,会弹出快捷菜单,如图 2-1 所示。

②对图形对象进行选择操作时,单击鼠标右键结束目标选择。

③在一个绘图命令执行后,如要重复执行该命令,单击鼠标右键,在弹出的快捷菜单中,有重复前一个命令的选项。

如要改变鼠标右键功能的默认设置,可以在"工具"菜单中,选择"选项"菜单命令,打开"选项"对话框,单击"用户系统配置"选项卡,如图 2-2 所示。单击其中"Windows 标准操作"栏中的"自定义右键单击"按钮,打开如图 2-3 所示的"自定义右键单击"对话框,用户可按自己需要进行选择和设置。

在通常情况下,建议采用系统的默认设置。

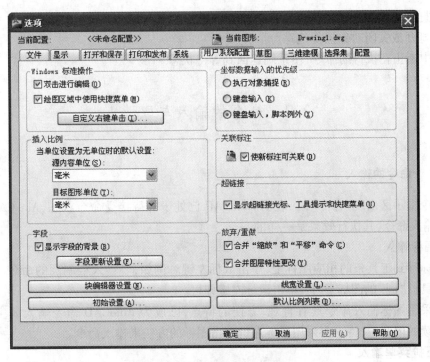

图 2-2　"用户系统配置"选项卡

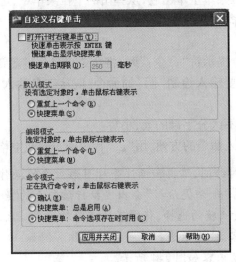

图 2-3　"自定义右键单击"对话框

2.1.2　键盘的使用

键盘主要用于数字、命令和文字的输入。键盘上的快捷键可使作图更方便、快捷。

F1：可随时打开帮助文本，查找所需的帮助信息。

F3：打开或关闭对象捕捉。

F7：打开或关闭栅格显示。

F8：打开或关闭正交模式。

F9：打开或关闭栅格捕捉。

F10：打开或关闭极轴追踪。

F11：打开或关闭对象捕捉追踪。

Esc：中断正在执行的命令，使系统返回到等待状态。

2.2 命令的输入与取消

2.2.1 命令的输入

在命令提示区出现"命令"时，表明 AutoCAD 已处于等待接受命令状态，AutoCAD 可采用 3 种方法输入命令，其执行效果是一样的。

（1）图标输入

将光标移到工具条的相应图标上，单击鼠标左键。例如，要输入绘制圆的命令，将鼠标移到绘图工具栏"圆"的图标 上，单击鼠标左键即可。

由于采用图标输入命令具有直观、方便的特点，已成为 AutoCAD 命令输入的主要方式。在本书后续的内容中，将主要采用鼠标左键单击图标的方法来输入命令。

（2）下拉菜单输入

将光标移到相应的下拉菜单上单击它，从弹出的下拉菜单中，选择要执行的命令，选中后，单击鼠标左键即可执行该命令。

（3）从键盘输入

在命令行窗口出现命令提示符"命令："时，将命令直接从键盘键入，然后按回车键或空格键即可执行该命令。例如，要输入绘制"圆"的命令，应从键盘输入"circle"，然后按回车键或空格键。

在用键盘输入命令时，不区分字母的大、小写。

注：为以后讲解键盘输入命令的方便，用"↙"代表回车键或空格键。

注意：在 AutoCAD 中，对绘图、编辑和标注等对图形对象的操作命令，不论采用何种方法输入，命令输入后，在窗口的"命令提示栏"会出现执行该命令的提示或执行命令的选项。如果不按提示进行操作或进行正确的选择，将得不到正确的结果。因此，在命令输入后，必须注意"命令提示栏"出现的内容，按提示进行下一步的操作。例如，输入绘制"圆"的命令 后，在"命令显示提示栏"出现的内容如图 2-4 所示。

图 2-4 "命令提示栏"对话框

在一般情况下，很多 AutoCAD 绘图命令在执行时都有多个选项。如本例绘制"圆"的命令就有：指定圆心画圆或用三点，两点，切点、切点、半径等方式画圆，要根据作图的具体情况进行选择。在命令提示行中，括号外的方式为执行该命令的默认方式，如本例用指定圆心的方式画圆是执行该命令的默认方式;括号内的方式为可选择的方式,每个选项后圆括号内的字符,为采用该方式时,用键盘输入的字符。在本例中,假设选择通过"三点"画圆的方法画圆时,应该用键盘输入:3P↙,然后按出现的提示进行后续的操作。

AutoCAD 2006 以前的版本,对执行中有选项的命令,命令输入后的选择只能在命令栏输入。在 AutoCAD 2006 以后的版本中,增加了动态显示和输入功能,使用动态输入功能,可以在动态显示的提示框,也可以在命令行中输入选项和数值。光标旁边显示的提示信息将随着光标的移动而动态更新。当某个命令处于活动状态时,可以在提示栏中输入给定的值,动态显示如图 2-5 所示。

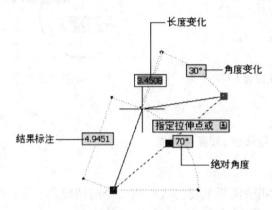

图 2-5 动态显示

使用动态显示和输入功能,要打开状态设置区的 (动态功能)图标,这时在光标附近会同时出现执行命令默认选项的提示,对本例的默认方式是"指定圆的圆心或",因此,在光标附近的提示框中也出现"指定圆的圆心或"的提示,如图 2-6(a)所示。后面两个数值框内的数字是当前光标所在点的 X,Y 坐标。可以直接在数值框中输入圆心的坐标或用光标选定。在确定圆心后,提示栏和光标附近提示框的提示变为"指定圆的半径或",在光标中心附近有一个数值框,在这里可以直接输入圆的半径值,如图 2-6(b)所示。

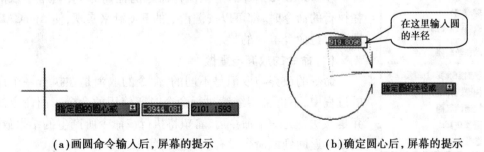

(a)画圆命令输入后,屏幕的提示   (b)确定圆心后,屏幕的提示

图 2-6 用给定圆心和半径画圆

如果不是采用指定圆心和半径的方式画圆,而是采用通过 3 个点的方式画圆,应直接用键盘输入"三点画圆"的选项"3P",如图 2-7(a)所示。然后,屏幕会提示输入第一个点,如图 2-7(b)所示,确定后,在屏幕的提示下,确定其余两个点(见图 2-7(c)、(d)),三点画圆操作即完成。

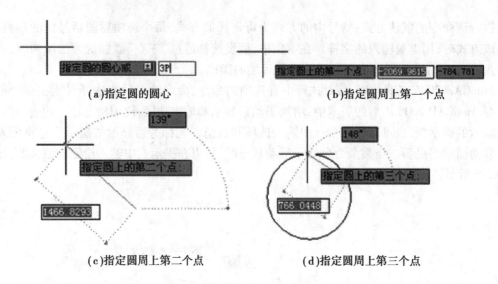

(a)指定圆的圆心　　　　　　　　　　　(b)指定圆周上第一个点

(c)指定圆周上第二个点　　　　　　　　(d)指定圆周上第三个点

图 2-7　三点画圆

2.2.2　命令的重复与取消、放弃与重做

(1)命令的重复

在绘图过程中,通常出现需要重复前次所用命令的情况。在 AutoCAD 中,可采用两种方法来实现重复前次命令的输入,在前一个命令执行完后:

图 2-8　快捷菜单

- 按空格键或回车键。
- 按鼠标右键弹出屏幕快捷菜单,单击重复命令。

例如,在前面执行了画圆的命令后,还需要再画一个圆,将鼠标放在绘图窗口内,单击鼠标右键后,将出现快捷菜单,选择其中的"重复 CIRCLE(R)"即可,如图 2-8 所示。

(2)命令的取消

在 AutoCAD 中,不论在执行命令的任何时刻,当希望取消正在执行的命令时,都可以按键盘上的 **Esc** 键来实现,使 AutoCAD 返回到等待命令输入的状态。

(3)命令的放弃与重做

命令的放弃与取消是不同的,命令的取消是在执行一个命令的过程中,不再希望继续执行命令时所使用的命令。而命令的放弃是在执行完一个命令后,希望将执行该命令所产生的结果放弃,使图形返回到该命令没有执行前的状态。

【命令】

工具栏:"标准工具栏"中的"放弃"图标按钮

命令行:**UNDO**

下拉菜单:"编辑"→"放弃"

如果在选择了放弃后,又想恢复被放弃的内容,应使用"重做"命令。

18

【命令】

工具栏:"标准工具栏"中的"重做"图标按钮 ↻

命令行:**REDO**

下拉菜单:"编辑"→"重做"

2.2.3　坐标系与点的输入方法

(1)世界坐标系和用户坐标系

在 AutoCAD 中,有两个坐标系:一个是被称为世界坐标系(WCS)的固定坐标系,另一个是被称为用户坐标系(UCS)的可移动坐标系。默认情况下,这两个坐标系在新图形中是重合的。在二维视图中,通常 WCS 的 X 轴水平,Y 轴垂直;WCS 的原点为 X 轴和 Y 轴的交点(0,0)。图形文件中的所有对象均由其 WCS 的坐标定义。

在二维平面绘图中,一般不用考虑坐标系的问题,按系统默认的设置即可。在三维实体造型设计中,考虑到实体的截面图形绘制和拉伸的方便,可以根据设计的需要,变换用户坐标系。

(2)点的输入方法

在绘图过程中,必须要准确地确定图形中一些特征点位置,如圆的圆心、直线的起点及终点等。在 AutoCAD 中,常用的点输入方式有下列几种:

1)移动鼠标选点

在绘图过程中,用移动绘图鼠标的方式来确定点的位置,在确定了点的位置后,单击左键确定。这是在绘图中最常用的方法。

2)利用对象捕捉的方式捕捉特殊点

在使用 AutoCAD "辅助绘图工具"中"对象捕捉"功能的情况下,可以方便且精确地捕捉到"切点""交点"和"圆心"等特殊点。其具体的设置与使用方法见本书第 4 章"辅助绘图工具与图层"。

3)输入点的坐标

在 AutoCAD 中,点的坐标可以用直角坐标、极坐标、球面坐标及柱面坐标来表示,每一种坐标系都可以用两种方法输入:绝对坐标方式和相对坐标方式。

- 绝对坐标方式:是该点在坐标系中相对于坐标原点的坐标值。
- 相对坐标方式:是该点相对于前一个点的坐标值。

①直角坐标方式

用输入点的 X,Y,Z 坐标值的方式来确定点的位置。绘图区域以屏幕左下角为坐标原点,X 坐标从左往右为正;Y 坐标从下往上为正;反之为负。进行二维平面作图时,Z 可不输入。从键盘键入"X,Y"值,按回车确定。

使用动态输入,可以使用 # 前缀指定绝对坐标。如果在命令行中输入绝对坐标,不使用 # 前缀。在命令栏输入相对坐标时,在数值前面加符号"@",如"@335,563"。

②极坐标方式

极坐标是用矢径和角度来表示一个点的坐标,它只能用来输入二维平面点的坐标。

极坐标的输入格式:

- 绝对坐标方式"矢径长度<角度",其中"矢径长度"是该点到坐标原点的距离,"角度"

为该点至原点的连线与 X 轴正向的夹角。

● 相对坐标方式"@矢径长度<角度",其矢径长度是相对于前一点的距离,"角度"为该点至前一点的连线与 X 轴正向的夹角。

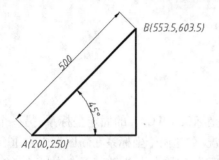

图 2-9　直线 AB 坐标图

③鼠标导向方式

鼠标导向是指在绘制直线过程中,当第一个点确定后,在移动鼠标时,屏幕光标所在点是以极坐标的方式显示的。这时,在动态输入框内直接输入相对与第一个点的极坐标值即可,但不用再输入相对坐标的符号@。

下面,以绘制如图 2-9 所示直线 AB 为例进行说明。

在动态显示状态下,输入直线命令 ╱ 后,对 A 点按设计要求,直接在键盘上输入"200,250",在输入"200"后按"Tab"键或逗号键后,可以看到屏幕的动态显示尺寸框内输入的第一个数"200"后出现一个锁型符号,表示该值已经锁定,切换到输入 Y 值,在第二个动态输入框中输入"250",按"Enter"键结束输入,如图 2-10 所示。在 A 点确定后,移动光标,可以看到屏幕的显示成为极坐标显示。按设计要求,输入直线的长度和角度。在输入长度"500"后,按"Tab"键,切换到输入角度值,如图 2-11 所示。输入角度值"45"后,按"Enter"键或鼠标左键,第二点的坐标即可确定。

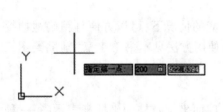

图 2-10　输入直线 A 点坐标

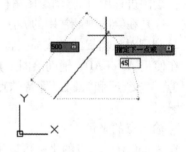

图 2-11　输入 B 点的坐标

注意:在第二点的输入中,输入第一个值"500"以后,如果直接按"Enter"键或鼠标左键,则以当前显示的角度值为所画直线的角度值。在如图 2-12 所示极坐标显示的方式下,在输入第二个点的坐标时,如果输入"500"后按","(逗号),则系统自动转换为直角坐标输入的显示方式,如图 2-13 所示。因此,在绘图时应注意输入的方式,以免出错。

不管屏幕是直角坐标还是极坐标显示,按"Tab"键都是进行输入的切换。

在 AutoCAD 中,其直线绘图命令的执行方式为连续重复执行,要结束当前命令,单击鼠标右键,在弹出的快捷菜单中,选择"确认"即可,如图 2-13 所示。

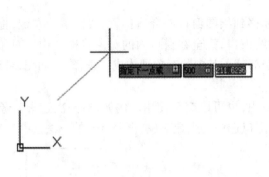

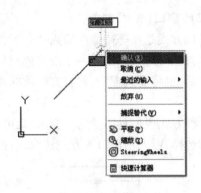

图 2-12　输入显示转换示意图　　　　　　　图 2-13　绘图快捷菜单

2.3　图形对象的选择方式

在 AutoCAD 中,对已绘制的图形进行编辑、修改时,要对准备编辑和修改的图形对象进行选择。在 AutoCAD 环境下的作图操作,是以对象或选择集方式进行的。所谓对象,是指某一个预先定义的、由命令得到的独立要素,对象是图形操作的最小单位,如点、直线、圆弧、圆、字符,它们都是 AutoCAD 的图形对象;此外,尺寸、剖面线、多段线、块等几何要素,也都是 AutoCAD 的对象。AutoCAD 提供的构成选择集的方式较多,如要了解所有的选择方式,在输入修改命令后,命令提示栏出现提示:"选择对象"时输入"?"(问号),按 enter 键后,会出现提示:

需要点或窗口(W)/上一个(L)/窗交(C)/框(BOX)/全部(ALL)/栏选(F)/圈围(WP)/圈交(CP)/编组(G)/添加(A)/删除(R)/多个(M)/前一个(P)/放弃(U)/自动(AU)/单个(SI)

这里,仅介绍最常用的 3 种方式。

(1)点选方式

点选方式一次只选取一个对象。移动光标靶区到准备选择的对象上,单击鼠标左键,落入其中的对象即被选中;对象被选取后,将变成虚线,并有蓝色方形的标志块,如图 2-14 所示。

注意:这里的六边形是使用多边形的命令 画的,因此,它是一个图形对象。

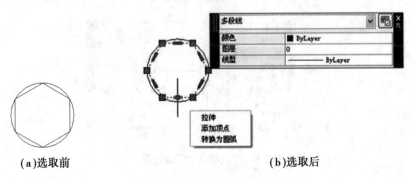

(a)选取前　　　　　　　　　　　　　　(b)选取后

图 2-14　点选方式

(2)"窗口(W)"方式

窗口方式是在等待命令输入状态下,将光标移到绘图窗口中合适位置,按住鼠标左键,拖动鼠标,在屏幕上,将出现一个浅蓝色矩形的实线窗口,完全在窗口内的对象将被选中。对象被选取后,也将变成虚线,并有方形的标志块,全部落入其中的对象即构成一选择集,如图2-15所示。

两种方式根据具体的选择要求,既可单独使用,也可以交替使用。例如,对一次选择对象较多的选择,可先用窗口的方式选取,对没有被窗口选中的少数对象,再用点选的方法选择。

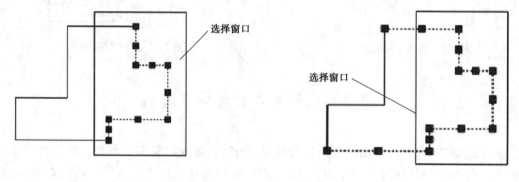

图2-15 "窗口(W)"方式   图2-16 "窗交(C)"方式

(3)"窗交(C)"方式

窗交方式是按提示要求分别指定矩形窗口的两个角点,则位于窗口内及与窗口边界相交的所有图形对象均被选中,被选中的图形对象成为虚线,如图2-16所示。

注意:如图2-15和图2-16所示,用"窗口(W)"方式进行选择时,出现的选择框是细实线;而用"窗交(C)"方式进行选择时,出现的选择框是虚线。在用鼠标进行窗选的操作时,在确定窗口的第一个角点后,将鼠标向右方拖动时,形成的选择方式是"窗口(W)";而将鼠标向左方拖动时,形成的选择方式是"窗交(C)"。

从AutoCAD 2009版开始,在选择对象时,系统的默认设置会同时弹出该对象的"快捷特性"面板,如图2-14(b)所示。在"快捷特性"面板上,显示了所选择图形对象的基本信息,如名称,所在的图层、颜色、线型等。如果不需要显示"快捷特性"面板,可以禁用它。其方法是:将光标移动到"快捷特性"面板的左上角,单击鼠标右键,在出现的快捷菜单中,选择"禁用",以后就不会出现了,如图2-17所示。

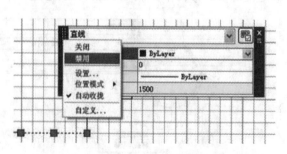

图2-17 "快捷特性"面板设置

2.4　图形的显示和控制

在 AutoCAD 环境下绘图,由于计算机显示的绘图窗口与传统手工绘图用的图版相比要小很多,在绘制稍大一些的图形时,给图形的观察带来一定的困难。为此,在 AutoCAD 软件中,提供了图形的缩放、平移等功能来方便图形的观察和显示。

下面,介绍 AutoCAD 中有关图形显示和控制方面的命令和功能。

2.4.1　设置图形界限

AutoCAD 的图形界限设置与传统手工绘图选择图纸的图幅大小是类似的,通过设置图形界限,可以控制绘图的范围。在 AutoCAD 中,设置图形界限可采取以下两种方式:

①按所拟定的图纸图幅来设置图形界限。图幅的设置方法如下:

【命令】

命令行:**LIMITS**

下拉菜单:"格式"→"图形界限"

输入命令后,在命令提示行显示:

重新设置模型空间界限:

指定左下角点或[开(ON)/关(OFF)] <0.0000,0.0000>

∥左下角点通常设置在坐标系的坐标原点,即 0.0000,0.0000,接受默认值,按回车确认即可;

指定右上角点 <420.0000,297.0000>

∥系统默认值是 A3 图纸,如要改变可重新输入相应的值。

选项说明:

"开(ON)/关(OFF)"选项是选择打开或关闭图形界限检查功能。

在设置为"开"的状态下,用户只能在设置的图形界限内绘图,当所绘图形超出设置的界线时,AutoCAD 会自动拒绝执行,并在系统"命令提示栏"给出提示"∗∗超出图形界限"的提示。系统默认设置为"关",即在图形界限检查功能关闭的状态下,绘图范围不受图形界限的限制。

在设置了图形界限后,在下拉菜单中,选择"视图"→"缩放"→"全部"命令,可以使设置的绘图范围充满绘图窗口。

在图幅的设置时,要遵守国家标准对图幅的规定,我国的国家标准规定如表 2-1 所示。

表 2-1　**国家标准对图幅的规定**(GB/T 14689—1993)

幅面代号	A0	A1	A2	A3	A4
宽×长/mm×mm	841×1 189	594×841	420×594	297×420	210×297

②将计算机绘图的图幅看成是一张没有边界的,要多大有多大的图纸,在绘图时,全部按

1:1的比例绘图。而在图形输出时,AutoCAD 可以根据准备输出的图纸图幅大小,设置一个比例系数进行输出。

2.4.2 设置绘图单位

在 AutoCAD 中,可以在绘图开始时,对绘图的单位进行查看和设置。

【命令】

命令行:**UNITS**

下拉菜单:"格式"→"单位"

在命令输入后,将弹出"图形单位"对话框,如图 2-18 所示。

选项内容设定,一般接受系统的默认设置即可,即:

- "长度"区:"类型"选"小数","精度"为"0.0000"。
- "角度"区:"类型"选"十进制度数","精度"为"0"。

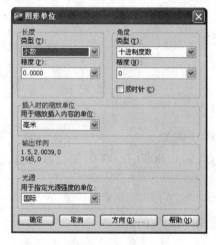

图 2-18 "图形单位"对话框

图 2-19 "方向控制"对话框

单击"方向(D)"按钮,弹出"方向控制"对话框,如图 2-19 所示。系统默认设置是向东为"0"度,逆时针方向为正。

- "插入比例":是指在进行缩放插入时,插入内容的单位。

2.4.3 图形的缩放和平移

由于计算机屏幕比较小,图形的显示和观察不如传统图版绘图方便。为了方便地对所绘图形的观察,在 AutoCAD 中,提供了图形的缩放、平移等功能。

(1)图形的缩放

图形的放大是为了观察细节;图形的缩小是为了观察它的整体。图形的缩放只是改变图形的显示效果,不会改变图形的实际尺寸。

在不使用图形缩放命令的情况下,可以用滚动鼠标中键的方式来实现图形的缩放。

【命令】

工具栏:"标准工具栏"的"缩放命令"图标

命令行:**ZOOM**

下拉菜单:"视图"→"缩放"

按住"缩放命令"图标 右下角的小三角,会出现一组下拉命令图标,该组图标对应了缩放命令的各个选项,如图 2-20 所示。

"缩放"子菜单如图 2-21 所示。

命令输入后,在命令提示行会出现提示:

指定窗口角点,输入比例因子 (nX 或 nXP),或:

[全部(A)/中心(C)/动态(D)/范围(E)/上一个(P)/比例(S)/窗口(W)/对象(O)]

<实时>:

图 2-20　缩放命令图标　　　　　　　　　　图 2-21　"缩放"子菜单

选项说明:

"指定窗口角点,输入比例因子 (nX 或 nXP)",可利用鼠标作为定位工具,在选定放大部分的窗口时,点击鼠标确定窗口的第一个角点,在第一个角点确定后,拖动鼠标,会出现一个矩形的选择窗口,窗口内的对象将被放大;或输入放大或缩小的比例系数,对图形进行缩放。

:用窗口指定缩放图形的范围,对应选项为"窗口(W)"。执行该命令,系统要求绘图者指定需要缩放区域的两个角点,然后按该指定区域进行缩放。

在缩放观察完成后,若要返回到缩放前的状态时,可以用 命令。该命令是用于恢复上一次显示的图形,对应选项"上一个(P)"。

:显示当前全部图形,对应选项"全部(A)"。

:中心缩放图形,对应选项"中心点(C)",系统将根据绘图者指定的中心点位置和缩放比例定义的窗口缩放图形。

:动态缩放指定图形,对应选项"动态(D)"。执行该选项后,视口显示绿色点线的图

25

框代表当前图形显示的大小范围。在线框中出现"×"时,直接移动鼠标可以平移图形;单击鼠标后再拖动线框的大小可以实现图形缩放。

⚡:范围缩放图形,对应选项"范围(E)"。该选项是将当前图形尽可能大地显示在窗口内。

🔍:按比例缩放图形,对应选项"比例(S)"。

🔍:系统自动将图形放大为原来的 2 倍。

🔍:系统自动将图形缩小为原来的 2 倍。

🔍:对象缩放,是对所选择的对象进行缩放。

(2) 图形的平移

在所绘图形比较大时,为了观察图形的其他部分,需要对其进行移动,相当于在图板上移动图纸。

【命令】

工具栏:"标准工具栏"的"移动命令"图标 🖐

命令行:**PAN**

下拉菜单:"视图"→"平移"

该命令的功能是保持图形缩放系数不变的情况下,平移指定的图形。在执行该命令时,光标将变成一只小手的形状,按住鼠标左键拖动光标,当前绘图窗口的图形就会随着光标的移动而移动。

技巧:对现在常用的滚轮鼠标,按住滚轮拖动鼠标,就实现图形的平移。

注意:以上对图形的缩放和平移命令,除了可以独立使用外,还可以"透明"地使用。所谓"透明"地使用,是指在执行绘图命令的过程中,同时使用这些命令。例如,绘制直线时,在第 1 点确定后,有时为了准确地找到所需要的第 2 点,就希望将第 2 点所在部分的局部图形放大一些或将图形进行平移,这时,就可以使用缩放和平移命令来对图形的显示进行改变,但不会影响当前绘图命令的执行。在绘图界面状态栏中,辅助绘图功能都可以"透明"地使用。

(3) 鸟瞰视图

由于计算机显示屏幕较小,在所绘图形较大的情况下,为了迅速观察想要观察的部位,AutoCAD 提供了"鸟瞰视图"功能。

【命令】

命令行:**DSVIEWER**

下拉菜单:"视图"→"鸟瞰视图"

在执行该命令后,将会弹出一个"鸟瞰视图"窗口,中心标记为"×",直接拖动鼠标时,视图窗口内的图形也随之移动,再次单击鼠标,线框右侧边出现"→"标记,拖动鼠标将线框变大或变小,绘图窗口内的图形也随之缩放。单击鼠标在平移和缩放之间进行切换。"鸟瞰视图"窗口如图 2-22 所示,这种方法常用于对图形进行检查。

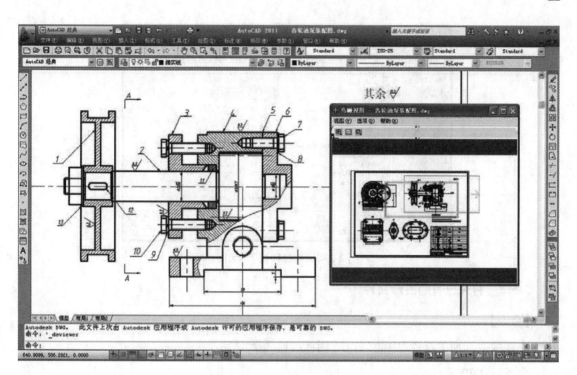

图 2-22　"鸟瞰视图"窗口

2.5　图形文件的管理

AutoCAD 提供了一系列图形文件管理的命令,其基本操作方法与 Windows 类似,下面作一个简要的介绍。

2.5.1　新建图形文件

在绘制一张新图时,要使用新建命令。

【命令】

工具栏:标准工具栏中的"新建"图标□

命令行:**NEW**

下拉菜单:"文件"→"新建"

在启动该命令后,系统将打开如图 2-23 所示的"选择样版"对话框,单击"打开"按钮后的三角按钮,弹出的下拉菜单包括 3 个选项:"打开""无样板打开-英制""无样板打开-公制",分别用于创建基于样板的新文件、无样板的英制文件、无样板的公制文件。在保存文件时,系统默认的第一个文件名为"Drawing1.dwg"。

对初学者,一般选择模板文件 acad.dwt 或 acadiso.dwt 即可。作为模版文件,一般包括图纸的图幅、边框、标题栏以及图层的设置等图形对象和内容。在实际的绘图中,可以按照国家标准,绘制不同图幅的标准图纸文件,作为模板文件保存起来以便使用。

图 2-23 "选择样板"对话框

2.5.2 打开已有的图形文件

【命令】

工具栏:"标准工具栏"中的"打开"图标按钮 📂

命令行:**OPEN**

下拉菜单:"文件"→"打开"

在启动命令后,系统将打开如图 2-24 所示的"选择文件"对话框,绘图者可以利用该对话框进行浏览、搜索,打开所需要的文件。

在 AutoCAD 中,为了方便对图形的编辑,有"局部打开"的功能。所谓局部打开,是可以通过选择打开不同的图层,来对图层的内容进行编辑。对重要的图纸,可以选用"只读方式打开",以免由于误操作而使图形被修改或破坏。

对打开方式的选择操作,是在选择要打开的文件后,然后单击"打开"按钮后的三角按钮,在弹出的下拉菜单中进行选择,如图 2-24 所示。如果要全部打开,则单击"打开"按钮即可。

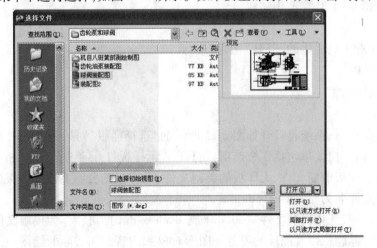

图 2-24 "选择文件"对话框

如果选择"局部打开",会出现"局部打开"对话框,如图 2-25 所示。在对话框中,选择要打开的图层。

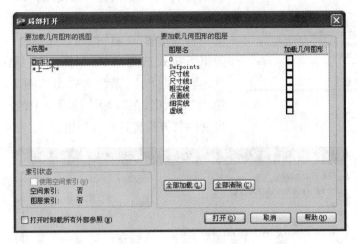

图 2-25　"局部打开"对话框

2.5.3　保存图形文件

AutoCAD 提供两种图形文件的保存方式,即快速保存方式和另存为方式。

(1)快速保存方式

在使用快速保存方式时,如果文件已有文件名,则系统自动按原文件名所在的存放位置进行存盘保存;如果文件还没有文件名,系统会弹出如图 2-26 所示的"图形另存为"对话框,绘图者可以按自己的需要对文件进行命名,设置文件的存放位置和格式,并进行保存。

图 2-26　"图形另存为"对话框

【命令】

工具栏:"标准工具栏"中的"保存"图标按钮

命令行:**QSAVE**

下拉菜单:"文件"→"保存"

图 2-27　"工具"下拉菜单

为了保护自己所绘制的图形文件在未经本人许可的情况下，不被他人打开或使用，可以在保存时给图形文件设置口令。其方法是使用在"图形另存为"对话框中右上角的"工具"按钮。在单击"工具"按钮后，会弹出下拉式选项菜单，如图 2-27 所示。选择其中的"安全选项（S）"，系统会弹出如图 2-28 所示的"安全选项"对话框，在"口令"选项卡中，按自己的喜好为图形文件打开设置口令或短语。

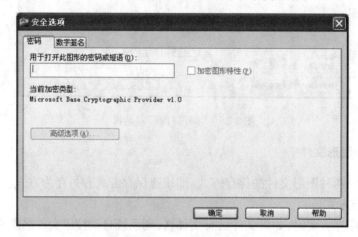

图 2-28　"安全选项"对话框

（2）另存为方式

另存为方式是以新的文件名对图形文件进行存盘保存，其操作方法与快速保存方式类似。

【命令】

命令行：**SAVEAS**

下拉菜单："文件"→"另存为"

在机械产品设计的实践中，通常会出现一些与已有图纸相似的零件，对这种零件的设计可以采用对已有的、类似零件的图形文件进行一些编辑和修改后，用"另成为"命令存为新的图形文件，这样可以达到提高工作效率的目的，这也是用计算机绘图优越于传统手工绘图的一个重要方面。

为了使保存的文件与以前版本的 AutoCAD 软件保持兼容，AutoCAD 2011 设计有向后兼容的特点，即可以打开以前版本绘制并保存的文件；在保存文件时，也可以选择保存文件的文件类型，如 AutoCAD 2000，或 AutoCAD 2004 等，如图 2-29 所示。使现在用 AutoCAD 2011 设计的图纸，可以用以前版本的 AutoCAD 软件打开；但如果用 AutoCAD 2011 保存文件，用以前版本的 AutoCAD 软件是打不开的。

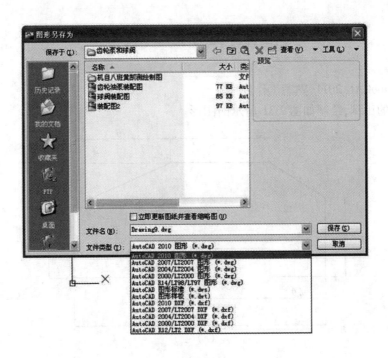

图 2-29　另存为的文件类型选择下拉列表

2.6　AutoCAD 2011 的在线帮助

AutoCAD 2011 提供了较为详细的新功能专题研习和在线帮助功能,在新功能专题研习中,介绍了 AutoCAD 2009,AutoCAD 2010 和 AutoCAD 2011 的新增功能。在线"帮助"下拉菜单如图 2-30 所示。在"帮助"文档中,对软件使用中可能遇到的问题都给出了帮助信息。用户既可以直接用"帮助"文档来学习 AutoCAD 2011 的使用方法,也可以在绘图操作的设定操作中,单击对话框中的"帮助"按钮,得到与对话框内容相关的帮助。

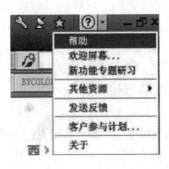

图 2-30　"帮助"下拉菜单

上机练习与指导(一)

1. 启动 AutoCAD 2011,熟悉工作界面。

2. 按 1∶1 的比例,绘制如图 2-31 所示的图形。

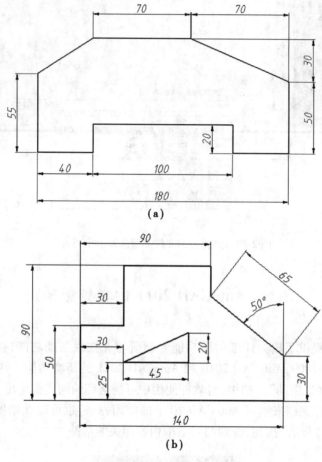

图 2-31　几何图形

作业指导:

①用下拉菜单"格式"→"单位",或命令行输入:**UNITS** ↙,查看和设置绘图单位、精度(建议使用缺省值)及角度(建议使用缺省值)。

②设置图幅(选 A3 图幅)。

③用绘图工具栏的直线命令 ✏ 绘制,绘图时确定点的方式:

• 用鼠标导向方式画各水平、垂直线。

• 用"相对坐标"方式画图 2-31(a)的斜线。

• 用"相对坐标"方式确定图 2-31(b)三角形左边的顶点。

• 用极坐标的方式,画图 2-31(b)的斜线。

④将绘制的图形存盘,在后面标注尺寸时使用。

第 **3** 章

AutoCAD 2011 的绘图命令

AutoCAD 提供了很多绘图命令，熟练地掌握和运用这些绘图命令，可以方便地绘出各种设计所需的图形对象，这是运用 AutoCAD 软件进行设计绘图的基础。

如图 3-1 所示，在下拉菜单"绘图"中，包括了所有的绘图命令；绘图工具栏包括了主要的绘图命令。

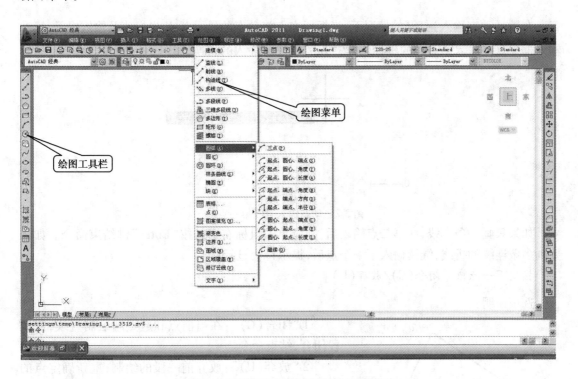

图 3-1　"绘图工具栏"和"绘图"下拉菜单

3.1 绘制直线

3.1.1 直线

绘图时经常需要绘制直线。在 AutoCAD 中,使用绘制直线命令时,既可绘制单条直线,也可绘制一系列的连续直线,此时前一条直线的终点被作为下一条直线的起点。

【命令】

绘图工具栏:"绘图工具栏"中的"直线"命令图标按钮

命令行:**LINE**(或 **L**)

下拉菜单:"绘图"→"直线"

在输入命令后,提示行提示:

_line 指定第一点: //输入直线的起点,可以用鼠标指定或输入该点的坐标;

指定下一点或 [放弃(U)]: //输入直线的端点。

在 (动态输入)打开的情况下,光标所在点将动态的显示 X,Y 坐标值及输入提示,可在输入框中直接输入第一点的坐标值,按"Tab"键进行输入的切换,如图 3-2 所示。

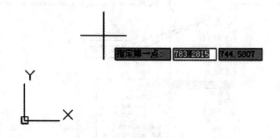

图 3-2　动态输入直线第一点

如果只画一条直线,在第二点输入后,则应单击鼠标右键或按"**Enter**"键结束命令。如果要画多条连续的折线,继续输入下一个点后,提示行会显示:

指定下一点或 [闭合(C)/放弃(U)]:

选项说明:

①"闭合(C)":在当前点和起点间绘制直线,使线段闭合,结束命令。

②"放弃(U)":放弃前一段的绘制,重新确定点的位置,继续绘制直线。

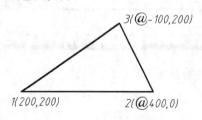

图 3-3　绘制直线示例

【例 3-1】 绘制如图 3-3 所示的三角形。

作图步骤:

命令:单击"直线"命令图标按钮 ✎。

_line 指定第一点:**200,200** ✓	//输入第一点的坐标;
指定下一点或［放弃(U)］:@ **400,0** ✓	//用相对坐标输入第二点的坐标;
指定下一点或［放弃(U)］:@ **−100,200** ✓	//用相对坐标输入第三点的坐标;
指定下一点或［闭合(C)/放弃(U)］:**C** ✓	//封闭三角形,结束绘制直线命令。

3.1.2　构造线

构造线是通过一个点的双向无限长直线,主要用于作为投影的辅助线。在绘图中,如果需要构造线,可以将其放在一个图层上,在绘图输出时不输出该图层;或绘制后删除。

【命令】

绘图工具栏:"绘图工具栏"中的"构造线"命令图标按钮 ✎

命令行:**XLINE**

下拉菜单:"绘图"→"构造线"

在输入命令后,命令行提示:

_xline 指定点或［水平(H)/垂直(V)/角度(A)/二等分(B)/偏移(O)］:

选项说明:

①指定点:通过指定的点绘制构造线,如图 3-4(a)所示。

②水平(H):绘制通过指定点的水平构造线,如图 3-4(b)所示。

③垂直(V):绘制通过指定点的垂直构造线,如图 3-4(c)所示。

④角度(A):通过指定点绘制与给定直线成一定角度的构造线,如图 3-4(d)所示。

⑤二等分(B):通过指定点绘制给定角度的角平分线,如图 3-4(e)所示。

⑥偏移(O):通过指定点或给定偏距绘制与指定直线平行并偏移一定距离的构造线,如图 3-4(f)所示。

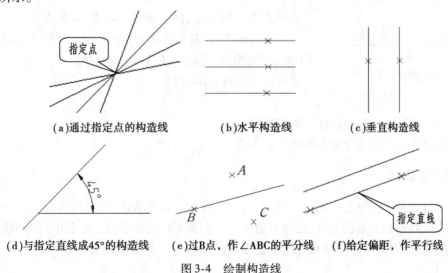

(a)通过指定点的构造线　　(b)水平构造线　　(c)垂直构造线

(d)与指定直线成45°的构造线　(e)过B点,作∠ABC的平分线　(f)给定偏距,作平行线

图 3-4　绘制构造线

3.1.3 射线

射线的功能与构造线类似,也主要用于绘制辅助线,但射线是通过指定点的单向无限长直线。射线方向在射线第一点确定后,可用鼠标导向来确定;如果要作水平或垂直的射线,将辅助绘图的"正交"功能打开即可,在标准绘图工具栏中没有该命令的图标。

【命令】

命令行:**RAY**

下拉菜单:"绘图"→"射线"

3.1.4 多线

"多线"命令用于一次绘制两条平行线。

【命令】

命令行:**MLINE**

下拉菜单:"绘图"→"多线"

在命令输入后,命令行提示:

命令:_mline

当前设置:对正 = 上,比例 = 20.00,样式 = STANDARD   //当前的设置;

指定起点或 [对正(J)/比例(S)/样式(ST)]:   //给定起点。

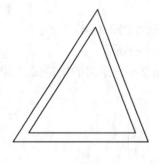

图 3-5   绘制多线

选项说明:

①"对正(J)":给定绘制多线的基准,选择该选项,系统进一步出现提示:

输入对正类型[上(T)/无(Z)/下(B)]:

其中,"上"是以多线的上侧线为基准,以此类推。

②"比例(S)":是两平行线之间的距离,该值系统默认设置是 20.00,如要修改,可选择该选项,系统会出现提示:

输入多线比例 <20.00>:

③"样式(ST)":设置当前使用的多线样式。

用多线命令绘制的三角形如图 3-5 所示。

3.1.5 多段线

多段线命令用于绘制连续的多个线段,多个线段可以是直线段、圆弧线段等。由于多线段可以设置线段起点和终点的宽度,因此可以用于绘制等宽度的粗实线,也可用于绘制箭头或类似的变宽度线段,用一个多段线命令绘制的多段线图形是一个图形对象。

【命令】

绘图工具栏:"绘图工具栏"中的"多段线"命令图标按钮 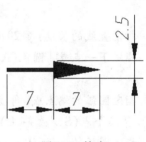。

命令行:**PLINE**(或 **PL**)

下拉菜单:"绘图"→"多段线"

在命令输入后,命令提示行提示:

命令:_pline

指定起点:　　　　　　　　　　　//给定起点;

当前线宽为 0.0000　　　　　　　//默认线宽;

指定下一个点或 [圆弧(A)/半宽(H)/长度(L)/放弃(U)/宽度(W)]:

　　　　　　　　　　　　　//默认绘制直线,给定直线下一个点。

选项说明:

①"圆弧(A)":用于绘制圆弧,当选择该选项后,系统会出现新的提示:

指定圆弧的端点或[角度(A)/圆心(CE)/闭合(CL)/方向(D)/半宽(H)/直线(L)/半径(R)/第二个点(S)/放弃(U)/宽度(W)]:

该提示给出了多种绘制圆弧方法的选择。

②"半宽(H)"和"宽度(W)":是设定多段线的一半线宽和整个线宽的选项。

③"长度(L)":给定绘制直线的长度。

④"放弃(U)":放弃前一次操作,继续绘制多段线。

【例3-2】　绘制如图 3-6 所示的箭头。

作图步骤:

命令:单击绘制"多段线"命令图标按钮 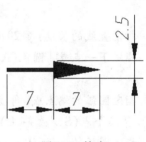。

图 3-6　箭头

命令:_pline

当前线宽为 0.0000

指定起点:　　　　　　　　　　//用鼠标在屏幕绘图窗口指定一点;

指定下一个点或[圆弧(A)/半宽(H)/长度(L)/放弃(U)/宽度(W)]:**W**✓

　　　　　　　　　　　　　//设置线宽;

指定起点宽度 <0.0000>:**0.5**✓　//设置箭头直线部分起点线宽;

指定端点宽度 <0.5000>:✓　　//设置箭头直线部分端点线宽,接受默认值0.5;

指定下一个点或 [圆弧(A)/半宽(H)/长度(L)/放弃(U)/宽度(W)]:**L**✓

　　　　　　　　　　　　　//选择输入直线长度;

指定直线的长度:**@7,0**✓　　　//用相对坐标,输入箭头直线部分长度;

指定下一点或 [圆弧(A)/闭合(C)/半宽(H)/长度(L)/放弃(U)/宽度(W)]:**W**✓

　　　　　　　　　　　　　//设置线宽;

指定起点宽度 <0.5000>:**2.5**✓　//设置箭头起点的线宽;

指定端点宽度 <2.5000>:**0**✓　//设置箭头端点的线宽;

指定下一点或［圆弧(A)/闭合(C)/半宽(H)/长度(L)/放弃(U)/宽度(W)］:**L**↙

　　　　　　　　　　　　　　　//选择输入直线长度;

指定直线的长度:@ 7,0↙　　　　　//用相对坐标,输入箭头部分长度;

指定下一点或［圆弧(A)/闭合(C)/半宽(H)/长度(L)/放弃(U)/宽度(W)］:

　　　　　　　　　　　　　　　//按"Enter"键,结束命令。

【例3-3】　用多段线绘制如图 3-7 所示的图形(线宽 0.8)。

作图步骤:

命令:单击绘制"多段线"命令图标 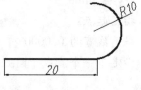 。

命令: _pline

当前线宽为 0.0000

指定起点:　　　　　　　　　　　//用鼠标在屏幕绘图窗口指定一点;

图 3-7　多段线

指定下一个点或［圆弧(A)/半宽(H)/长度(L)/放弃(U)/宽度(W)］:**W**↙

　　　　　　　　　　　　　　　//设置线宽;

指定起点宽度 <0.0000>:**0.8**↙　　//设置起点线宽;

指定端点宽度 <0.8000>:↙　　　//设置端点线宽,接受默认值0.8;

指定下一个点或［圆弧(A)/半宽(H)/长度(L)/放弃(U)/宽度(W)］:**L**↙

　　　　　　　　　　　　　　　//选择输入直线长度;

指定直线的长度:@ 20,0↙　　　　//用相对坐标,输入直线部分长度;

指定下一点或［圆弧(A)/闭合(C)/半宽(H)/长度(L)/放弃(U)/宽度(W)］:**A**↙

　　　　　　　　　　　　　　　//选择绘制圆弧;

指定圆弧的端点或［角度(A)/圆心(CE)/闭合(CL)/方向(D)/半宽(H)/直线(L)/半径(R)/第二个点(S)/放弃(U)/宽度(W)］:**R**↙　//选择输入圆弧半径;

指定圆弧的半径:**10**↙　　　　　//输入圆弧半径值;

指定圆弧的端点或［角度(A)］:**A**↙　//选择输入圆弧所包含的角度;

指定包含角:**180**　　　　　　　//指定圆弧的包含角度;

指定圆弧的弦方向 <0>:**90**↙　　//输入圆弧弦与 X 轴的夹角,逆时针为正;

指定圆弧的端点或［角度(A)/圆心(CE)/闭合(CL)/方向(D)/半宽(H)/直线(L)/半径(R)/第二个点(S)/放弃(U)/宽度(W)］:↙　//按"Enter"键,结束命令。

3.2　绘制多边形

3.2.1　正多边形

在机械设计绘图中,用正多边形命令绘制的代表零件是六角螺母和六角螺栓。用 AutoCAD 提供的绘制正多边形命令,可以绘制边数为 3 ~ 1 024 的正多边形。

【命令】

绘图工具栏:"绘图工具栏"中的"正多边形"命令图标按钮 ⬠

命令行:**POLYGON**(或 **POL**)

下拉菜单:"绘图"→"正多边形"

在输入命令后,命令提示行提示:

_polygon 输入边的数目 <4>:　　　　　//输入正多边形边的数目,系统默认是正四边形;

指定正多边形的中心点或[边(E)]: //给定正多边形的中心点;

输入选项[内接于圆(I)/外切于圆(C)] <I>:

　　　　　　　　　　　　　　　　//选择正多边形与圆的关系,系统默认是正多边形
　　　　　　　　　　　　　　　　　内接于圆;

指定圆的半径:　　　　　　　　　　//给定内接或外切圆的半径值。

选项说明:

①"边(E)":给定正多边形一条边的两个端点,按逆时针方向创建给定边数的正多边形。在选择该选项后,命令提示行提示:

指定边的第一个端点:　　　　　　　//给定边的第一个端点;

指定边的第二个端点:　　　　　　　//给定边的第二个端点。

在给定一条边的两个端点后,可画出所需的正多边形,如图 3-8(a)所示。

②"内接于圆(I)":绘制内接于圆的正多边形,在选择该选项后,命令提示行提示:

指定圆的半径:　　　　　　　　　　//给定圆的半径值。

在给定圆的半径后,所画内接正多边形如图 3-8(b)所示。

③"外切于圆(C)":绘制外切于圆的正多边形,在选择该选项后,系统提示:

指定圆的半径:　　　　　　　　　　//给定圆的半径值。

在给定圆的半径后,所画外切于圆正多边形如图 3-8(c)所示。

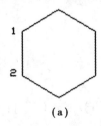 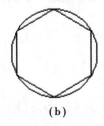 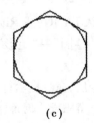

　　　　(a)　　　　　　　　　(b)　　　　　　　　　(c)

图 3-8　正多边形

在画内接或外切正多边时,移动鼠标可以改变正多边形的摆放位置;用正多边形命令绘制的多边形是一个图形对象。

【例 3-4】　在动态显示打开的情况下,绘制一个正五边形。要求:正五边形的中心为(300,250),内接于 φ50 的圆。

作图步骤:

命令:单击绘制"多边形"命令图标⬡。

命令:_polygon

输入边的数目 <4>:5　　　　　　　　　　　//在光标附近输入框中,输入5,按
　　　　　　　　　　　　　　　　　　　　　　"Enter"键,如图3-9(a)所示;

指定正多边形的中心点或[边(E)]:　　　　//在输入框中,输入正五边形的中心
　　　　　　　　　　　　　　　　　　　　　　300,250,如图3-9(b)所示;

输入选项[内接于圆(I)/外切于圆(C)]<I>:　//在输入选项中,用光标选中"内接
　　　　　　　　　　　　　　　　　　　　　　于圆(I)"选项,如图3-9(c)所示;

指定圆的半径:　　　　　　　　　　　　　　//在输入框中,输入圆的半径25,按
　　　　　　　　　　　　　　　　　　　　　　"Enter"键,如图3-9(d)所示。

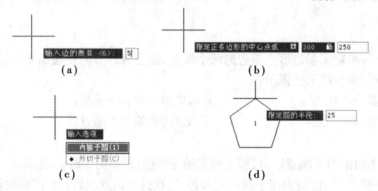

图3-9　画正五边形

3.2.2　矩形

AutoCAD 绘制矩形的命令是用给定矩形的两个对角点来绘制的,通过选项还可以绘制有倒角或圆角的矩形。

【命令】

绘图工具栏:"绘图工具栏"中的"正多边形"命令图标按钮 ▭

命令行:**PECTANG**(或 **REC**)

下拉菜单:"绘图"→"矩形"

在输入命令后,命令提示行提示:

指定第一个角点或[倒角(C)/标高(E)/圆角(F)/厚度(T)/宽度(W)]:
　　　　　　　　　　　　　　　　　　　//给定第一个角点;

指定另一个角点或[尺寸(D)]:　　　　　//给定另一个角点。

选项说明:

①"倒角(C)":用于绘制有倒角的矩形,在选择该选项后,应按提示给定倒角的距离,如图3-10(b)所示。

40

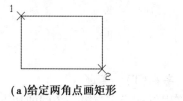 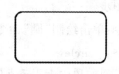

（a）给定两角点画矩形　　　　（b）有倒角的矩形　　　　（c）有圆角和设线宽的矩形

图 3-10　矩形

②"标高（E）"：将矩形绘制在给定 Z 轴坐标，并与 XOY 平面平行的平面上。

③"圆角（F）"：用于绘制有圆角的矩形，在选择该选项后，应按提示给定圆角的半径，如图 3-10（c）所示。

④"厚度（T）"：用于设置所画矩形立方体的厚度，在三维造型设计时使用。

⑤"宽度（W）"：用于设定所画矩形的线宽，如图 3-10（c）所示。

3.3　绘制曲线

3.3.1　圆

AutoCAD 提供了 6 种画圆的方法。在绘图时，应按具体的作图要求，选择合适的方法画圆。绘制圆的级联菜单如图 3-11 所示。

【命令】

绘图工具栏："绘图工具栏"中的"圆"图标 ⊙

命令行：**CIRCLE**（或 **C**）

下拉菜单："绘图"→"圆"

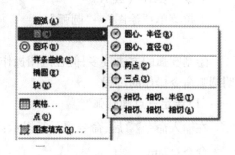

图 3-11　绘制"圆"的级联菜单

在输入命令后，命令提示行提示：

_circle 指定圆的圆心或 ［三点（3P）/两点（2P）/相切、相切、半径（T）］：

　　　　　　　　　　　　　　//给定圆心后，系统提示；

指定圆的半径或 ［直径（D）］：　　//给定圆的半径（选项是给定直径）。

选项说明：

①"三点（3P）"：给定圆上 3 个点画圆。

②"两点（2P）"：给定圆直径的两个端点画圆。

③"相切、相切、半径（T）"：选两个相切目标并给定圆的半径画圆。

在下拉菜单"绘图"→"圆"的选项中，还可选择"相切、相切、相切"的画圆方法，该选项是给定与圆相切的 3 个对象画圆。

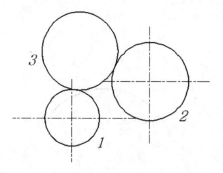

图 3-12　用"相切、相切、半径"的方法画圆

【例 3-5】　用选两个相切目标并给定圆的半径画圆的方法，作如图 3-12 所示的图形。

作图步骤：

命令：单击绘制"圆"命令图标 。

命令：_circle

指定圆的圆心或［三点(3P)/两点(2P)/相切、相切、半径(T)］：T↙

指定对象与圆的第一个切点：   //用鼠标指定与第一个圆的切点；

指定对象与圆的第二个切点：   //用鼠标指定与第二个圆的切点；

指定圆的半径 ＜126.7693＞：   //给定公切圆的半径。

3.3.2 圆弧

圆弧的绘制方法要多一些。一段圆弧除了要给定圆心和半径之外，还需要起始角和终止角才能完全定义；此外，圆弧还有顺时针和逆时针特性。AutoCAD 提供了 10 种绘制圆弧的方法。绘制圆弧的级联菜单如图 3-13 所示。

【命令】

绘图工具栏："绘图工具栏"中的"圆弧"图标

命令行：**ARC**(或 **A**)

下拉菜单："绘图"→"圆弧"

绘制圆弧的方法较多，但在绘图操作上是类似的。下面以几种常用的画圆弧方法为例，说明圆弧命令操作的过程。

(1) 给定三点画圆弧

在输入命令 后，命令提示行提示：

命令：_arc

指定圆弧的起点或［圆心(C)］：   //给定圆弧的起点；

指定圆弧的第二个点或［圆心(C)/端点(E)］：   //给定圆弧的第二个点；

指定圆弧的端点：   //给定圆弧的端点，命令结束。

其效果如图 3-14 所示。

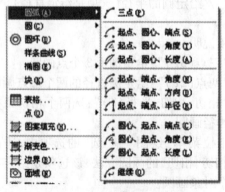

图 3-13 绘制圆弧的级联菜单

图 3-14 三点画圆弧

(2) 用"圆心、起点、端点"画圆弧

在输入命令 后,命令提示行提示:

命令: _arc

指定圆弧的起点或 [圆心(C)] **C**　　　　　　　// 选择选项"圆心(C)",用给定圆
心的方法画圆弧,在选择该选项
后,系统会进一步提示;

指定圆弧的圆心:　　　　　　　　　　　　　// 选择圆心,在选择指定圆心后,系
统提示;

指定圆弧的起点:　　　　　　　　　　　　　// 给定圆弧的起点;

指定圆弧的端点或 [角度(A)/弦长(L)]:　　// 给定圆弧的端点,结束命令。

其效果如图 3-15 所示。

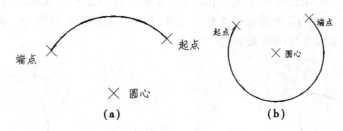

图 3-15　"圆心、起点、端点"画圆弧

注意: 由于在 AutoCAD 中,对角度的规定是逆时针为正,因此,对画圆弧等涉及角度方向
的命令,在执行时,总是按逆时针的方向进行的。在图 3-15(a)中,从起点到端点的方向,是逆
时针;如果反过来,则是画该圆弧的另一段,如图 3-15(b)所示。

(3) 用"起点、圆心、角度"画圆弧

在输入命令 后,命令提示行提示:

命令: _arc

指定圆弧的起点或 [圆心(C)]:　　　　　　　　　// 给定圆弧的起点;

指定圆弧的第二个点或 [圆心(C)/端点(E)]:**C**　　// 选择"圆心(C)"选项;

指定圆弧的圆心:　　　　　　　　　　　　　　　// 给定圆弧的圆心;

指定圆弧的端点或 [角度(A)/弦长(L)]:**A**　　　// 选择"角度(A)"选项;

指定包含角:**60**　:　　　　　　　　　　　　　// 给定圆弧的包含角,结束命令。

其效果如图 3-16 所示。

(4) 用"起点、圆心、长度"画圆弧

在输入命令 后,命令提示行提示:

命令: _arc

指定圆弧的起点或 [圆心(C)]:　　　　　　　　// 给定圆弧的起点;

指定圆弧的第二个点或 [圆心(C)/端点(E)]:**C**　// 选择"圆心(C)"选项;

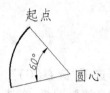

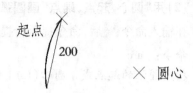

图 3-16　用"起点、圆心、角度"画圆弧　　　　　图 3-17　"起点、圆心、长度"画圆弧

指定圆弧的圆心：　　　　　　　　　　　　　　//给定圆弧的圆心；

指定圆弧的端点或［角度(A)/弦长(L)］:**L**↙　　//选择"弦长(L)"选项；

指定弦长:**200**↙　　　　　　　　　　　　　　//给定圆弧的弦长,结束命令。

其效果如图 3-17 所示。

注意:在给定角度或长度的情况下,仍然是按逆时针的方向画圆弧。为改变画圆弧的方向,对用"起点、圆心、角度"画圆弧的角度输入负值的效果如图 3-18 所示。用"起点、圆心、长度"画圆弧的长度输入负值的效果如图 3-19 所示。

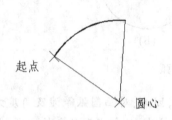

图 3-18　给定负的圆弧包含角画圆弧　　　　　图 3-19　给定负的圆弧弦长值画圆弧

(5) 用"起点、端点、半径"画圆弧

在输入命令 ◜ 后,命令提示行提示：

命令: _arc

指定圆弧的起点或［圆心(C)］:　　　　　　　　　　　//给定圆弧的起点；

指定圆弧的第二个点或［圆心(C)/端点(E)］:**E**↙　　//选择"端点(E)"选项；

指定圆弧的端点：　　　　　　　　　　　　　　　　　//给定圆弧的端点；

指定圆弧的圆心或［角度(A)/方向(D)/半径(R)］:**R**↙　//选择"半径(R)"选项；

指定圆弧的半径: **400**↙　　　　　　　　　　　　　//给定圆弧的半径。

图 3-20　用"起点、端点、半径"画圆弧

其效果如图 3-20 所示。

(6) 用"继续"命令画圆弧

该方法是圆弧命令的一个缺省方法,该命令在输入"圆弧"命令,出现提示后,按"Enter"键而被激活。其功能是开始绘制一新圆弧,且圆弧与最后绘制的直线或圆弧是相切的。与此相似,在输入"直线"命令,出现提示后,按"Enter"键,可以从最后绘制的圆弧的终点开始绘制

一新直线,该直线与前面绘制的圆弧也保持相切的关系。

【例 3-6】　绘制如图 3-21 所示的图形。

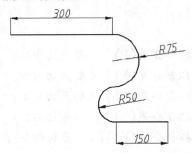

图 3-21　直线、圆弧连接

作图步骤:

命令:单击绘制"直线"命令图标▱。

命令:_line

指定第一点:　　　　　　　　　　　　　//用鼠标给定上方直线第一点;

指定下一点或［放弃(U)］:@300,0✓　//给定上方直线第二点的相对坐标。

命令:单击绘制"圆弧"命令图标▱。

命令:_arc

指定圆弧的起点或［圆心(C)］:Enter　　//激活圆弧命令的"继续"功能;

指定圆弧的端点:@ 0,−150✓　　　//给定圆弧端点的相对坐标。

按"Enter"键,重复圆弧命令。

命令:_arc

指定圆弧的起点或［圆心(C)］:Enter　　//激活圆弧命令的"继续"功能;

指定圆弧的端点:@ 0,−100✓　　　//给定圆弧端点的相对坐标。

命令:单击绘制"直线"命令图标▱。　　　//绘制下方直线。

命令:_line

指定第一点:Enter　　　　　　　　　//激活直线命令的"继续"功能;

直线长度:@ 150,0✓　　　　　　　//给定下方直线第二点的相对坐标。

3.3.3　样条曲线

在平面二维绘图中,样条曲线主要用于绘制波浪线和通过给定点绘制曲线。

【命令】

绘图工具栏:"绘图工具栏"中的"样条曲线"命令图标按钮▱

命令行:SPLINE

下拉菜单:"绘图"→"样条曲线"

在命令输入后,命令提示行提示:

命令:_spline

指定第一个点或 [对象(O)]: //给定第 1 个点;

指定下一点: //给定第 2 个点;

指定下一点或 [闭合(C)/拟合公差(F)] <起点切向>: //给定第 3 个点;

指定下一点或 [闭合(C)/拟合公差(F)] <起点切向>: //给定第 4 个点;

指定下一点或 [闭合(C)/拟合公差(F)] <起点切向>: //给定第 5 个点;

指定下一点或 [闭合(C)/拟合公差(F)] <起点切向>: //给定第 6 个点。

指定下一点或 [闭合(C)/拟合公差(F)] <起点切向>:↙

指定起点切向: //给定起点的切线方向;

指定端点切向: //给定终点的切线方向。

其效果如图 3-22 所示。

选项说明:

①"对象(O)":指选择一条用 PEDIT 命令创建的样条曲线拟合多段线,将其转换为真正的样条曲线。

图 3-22 样条曲线

②"闭合(C)":生成闭合的样条曲线。

③"拟合公差(F)":该公差值的默认值为 0,样条曲线将严格地通过拟合点。该公差值越大,则样条曲线偏离拟合点越远。

3.3.4 椭圆、椭圆弧

该命令用于绘制椭圆或椭圆弧。

【命令】

绘图工具栏:"绘图工具栏"中的"椭圆"命令图标按钮 ⬭

"椭圆弧"命令图标按钮 ⟳

命令行:**ELLIPSE**(或 **EL**)

下拉菜单:"绘图"→"椭圆"或"椭圆"→"椭圆弧"

在命令输入后,命令提示行提示:

命令:_ellipse

指定椭圆的轴端点或 [圆弧(A)/中心点(C)]: //给定椭圆轴的端点;

指定轴的另一个端点:@ **500,0** ↙ //给定椭圆轴的另一个端点;

指定另一条半轴长度或 [旋转(R)]:**175** ↙ //给定椭圆另一对称轴一半的长度。

这种方法是先给定椭圆一个轴的两个端点,然后再给定另一个轴长度一半的方法画椭圆,效果如图 3-23 所示。

选项说明：

①"圆弧（A）"：画椭圆弧，在选择该选项后，系统提示：

指定椭圆弧的轴端点或［中心点（C）］：	//给定椭圆弧轴的第一个端点；
指定轴的另一个端点:@ −500,0 ✓	//给定椭圆弧轴的第二个端点；
指定另一条半轴长度或［旋转（R）］:175 ✓	//给定椭圆另一轴一半的长度；
指定起始角度或［参数（P）］:45 ✓	
指定终止角度或［参数（P）/包含角度（I）］:220 ✓	

作图效果如图 3-24 所示。

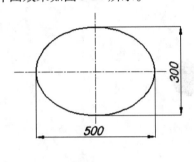

图 3-23　椭圆

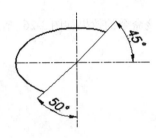

图 3-24　椭圆弧

注意：画椭圆圆弧时，圆弧角度的计量起点是从所画椭圆长轴的第一个端点起，按逆时针方向计量的。

②"中心点（C）"：是指用给定椭圆的中心位置；然后再给定椭圆长半轴和短半轴的长度画椭圆的方法。

③"旋转（R）"：该方式是先给定椭圆一个轴的两个端点，然后给定旋转角度来画椭圆。在绕长轴旋转时，旋转的角度就定义了椭圆长轴与短轴的比例，旋转角度越大，则长轴与短轴的比例也越大，如果转角为 0，则是一个圆，效果如图 3-25 所示。在操作时，也可以完全采用鼠标定位的方法来给定有关的输入值。

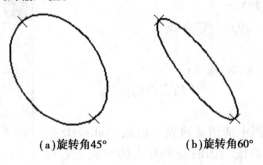

（a）旋转角45°　　　　　（b）旋转角60°

图 3-25　用旋转方式画椭圆

3.3.5　圆环

这是一个用于绘制圆环或实心圆的命令。

【命令】

命令行：**DONUT**（或 **DO**）

下拉菜单："绘图"→"圆环"

在命令输入后，命令提示行提示：

命令：donut

指定圆环的内径 <0.5000>：   //给定圆环的内径；在给定圆环内径为 0 时，将画出一

                个实心的圆；

指定圆环的外径 <1.0000>：   //给定圆环的外径；

指定圆环的中心点或 <退出>： //给定圆心。

用该命令的效果如图 3-26 所示。

图 3-26 圆环

3.4 绘制点

3.4.1 点

在机械设计绘图中，有时需要画出一些特殊的点，如一段圆弧的圆心等，AutoCAD 提供了一个专门用于绘制点的命令。

【命令】

绘图工具栏："绘图工具栏"中的"点"的命令图标按钮

命令行：**POINT**（或 **PO**）

下拉菜单："绘图"→"单点"或"多点"

在命令输入后，命令提示行提示：

 指定点   //给定点的位置。

为了使绘制的点在图中能清楚地表示出来，AutoCAD 提供了 20 种点的样式，可以按绘图的需要对点的样式进行设定。其设定的方法如下：

用下拉菜单"格式"→"点样式（P）"命令，在弹出的"点样式"对话框中，对所需的点样式进行选择，还可设置点的大小，如图 3-27 所示。

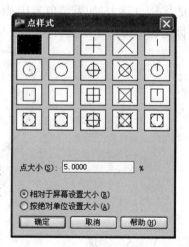

图 3-27 "点样式"对话框

3.4.2　等分点

在机械设计绘图中,有时需要等分一段直线、圆弧或曲线,AutoCAD 提供了一个用于在指定的直线或曲线上,按"定数等分"和"定距等分"两种方式进行等分。通过设置等分点的命令。可以很方便地对直线、曲线或圆弧进行等分。

【命令】

命令行:**DIVIDE**(或 **DIV**)或 **MEASURE**(**ME**)

下拉菜单:"绘图"→"点"→"定数等分"或"定距等分"

在输入定数等分命令 DIVIDE 后,命令提示行提示:

命令: _divide

选择要定数等分的对象:　　　　　　　　　　//用鼠标选择要等分的对象;

输入线段数目或［块(B)］:　　　　　　　　//给定等分数目。

如输入定距等分命令 MEASURE,命令提示行提示:

命令: _measure

选择要定距等分的对象:　　　　　　　　　　//用鼠标选择要等分的对象;

指定线段长度或［块(B)］:　　　　　　　　//给定等分的长度距离值。

选项说明:

"［块(B)］":选择该选项,则在等分点处插入图块。

执行该命令的效果如图 3-28 所示。

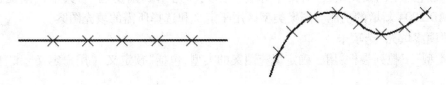

图 3-28　等分点

3.5　图案填充

AutoCAD 提供的图案填充功能可以在选定的封闭图形区域内填充某一选定的图案,该功能在机械设计绘图中的主要用途是可以很方便地绘制剖面线。由于 AutoCAD 提供的填充图案比较多,因此,该功能在建筑制图方面也有广泛的应用。

【命令】

绘图工具栏:"绘图工具栏"中的"图案填充"命令图标按钮

命令行:**BHATCH**

下拉菜单:"绘图"→"图案填充"

在命令输入后，系统会弹出"图案填充和渐变色"对话框，如图 3-29 所示。下面对该对话框的功能和设置进行介绍。

图 3-29　"图案填充和渐变色"对话框

3.5.1　图案类型区

对话框左边是图案类型区，有两个标签："图案填充"和"渐变色"。其中，"渐变色"标签是 AutoCAD 2004 新增的功能。图案类型区用于定义和选择所需的填充图案。

（1）"图案填充"选项卡

①"类型"下拉列表框：用于确定填充图案的类型，包括"预定义""用户定义"和"自定义"3 种类型。

②"图案"下拉列表框：单击▼将显示图案的名称。绘图者可以从下拉列表中，选择所需图案，如果对图案名所代表的图案不熟悉，应单击该下拉列表框右边的┅按钮，从打开的"填充图案选项卡"对话框中进行选择，如图 3-30 所示。

该对话框有 4 个选项卡："ANSI"（美国国家标准协会）、"ISO"（国际标准化组织）、"其他预定义"及"自定义"，在每个选项卡内，都有多个图案可供选择。

对机械制图所使用的金属材料剖面线，可以选择 ANSI31，非金属材料剖面线可选择 ANSI37，如图 3-30 所示。也可以选择"其他预定义"选项卡中的图案，如图 3-31 所示。还可以在"类型"下拉列表框中选择"用户定义"选项。

③"颜色"下拉列表框有两个，前一个用于选择填充图案的颜色；后一个用于选择填充图案的背景颜色。

（2）"角度和比例"对话框

①"角度"：是设置填充时，填充图案旋转的角度。从机械制图来讲，就是剖面线的角度。

图 3-30　"ANSI"选项卡

图 3-31　"其他预定义"选项卡

按机械制图的规定,剖面线一般与水平线的夹角应为 45°;但在画装配图时,相邻零件的剖面线一般应换一个方向,即应为 135°。因此,当使用前面讲的填充图案来绘制剖面线时,应按需要对角度进行适当的设置。

②"比例"下拉列表框:确定填充的剖面线的疏密程度。比例值越大,则剖面线越疏。因此,在绘制剖面线时,如发现所填充的剖面线太密,应将比例值设得大一些。

③"间距"文本框:只有在"类型"选择中选择为"用户定义"时才起作用,用于设定填充平行线的间距,可以直接输入数值。

④"ISO 笔宽"下拉列表框:只有选择"ISO"类型的填充图案时,才能进行设置。

（3）"图案填充原点"对话框

①"使用当前原点"单选按钮:是指使用当前 UCS 的原点(0,0)为图案填充原点。

②"指定的原点"单选按钮:由绘图者指定图案填充的原点。

（4）"边界"对话框

①"添加:拾取点"按钮:是指在选取填充对象的边界时,将鼠标的绘图光标移动到准备填充的几何图形内,进行点选。在单击"拾取点"按钮后,将切换到绘图窗口,命令行提示"选择内部点"。在点选后,所选择的填充图形边界将成为虚线,一次可以点选多个填充对象。如果所点选的几何图形不是完全闭合的,将出现出错的提示。在选择完成后,按"Enter"键或单击鼠标右键,将返回到该对话框。在返回"边界图案填充"对话框后,单击下方的"确定"按钮,所选择的填充对象将按设定的填充图案完成填充。

②"添加:选择对象"按钮:是分别选择单个图形对象来组成填充几何图形,其操作与前面的"拾取点"是类似的。该方法主要是在一些图形比较复杂,采用"拾取点"的方法拾取时,系统选择对象出现错误的时候使用。

③"删除边界"按钮:单击该按钮将取消用户指定的边界。

④"重新创建边界"按钮:重新创建填充边界。

⑤"查看选择集"按钮:查看已经定义的填充边界。

（5）"选项"对话框

①选择"关联"单选按钮,是指 AutoCAD 将填充的剖面线与图形的边界作为一个图形对

51

象,在对图形边界进行编辑时,剖面线也会随之变化,如图 3-32(a)所示。

②"创建独立的图案填充选择"单选按钮,则与"关联"相反,在填充以后进行图形修改时,填充的剖面线不随几何图形的边界变化而变化,其效果如图 3-32(b)所示。

③"继承特性"按钮 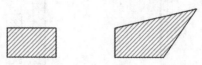:单击该按钮,允许选择图中已有的填充图案作为当前的填充图案。在单击该按钮后,将返回绘图窗口,选择后,单击鼠标右键或按"Enter"键返回对话框。

(a)选择"关联"选项后,进行填充,然后对图形
进行夹点编辑修改,剖面线随图形而变

(b)选择"创建独立的图案填充选择"选项,进行填充,
然后对图形进行夹点编辑修改,剖面线不变化

图 3-32　组合选项

注意:在选择"关联"选项进行填充后,对填充的几何图形进行编辑时,必须是在保持几何图形边界封闭的情况下,内部的剖面线才会随边界变化而变化。

(6)"渐变色"选项卡

使用该选项卡,可以使平面填充的图形更为美观,在该选项卡中设置渐变的颜色和角度,如图 3-33 所示。使用渐变色填充的效果如图 3-34 所示。在 AutoCAD 2007 以后版本的绘图工具栏中,有一个单独的渐变色命令图标 ■ 。

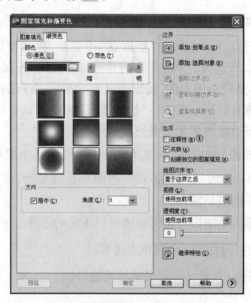

图 3-33　"渐变色"选项卡

(7)设置孤岛和边界

在进行图案填充时,对一个已经定义的填充区域内的封闭区域称为孤岛。单击"图案填充和渐变色"对话框的右下角的  按钮,将显示对孤岛设置的有关选项,如图 3-35 所示。

①在"孤岛"选项组中,选中"孤岛检测"复选框后,可以有 3 种填充方式,其填充效果如对话框中的图例所示,一般使用默认的"普通"即可。

图 3-34　渐变填充

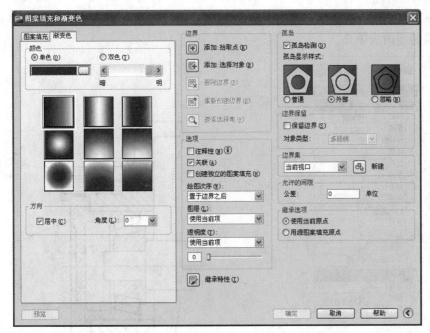

图 3-35　展开的"图案填充和渐变色"对话框

②在"保留边界"选项组中,选择"保留边界"复选框,可将填充边界的形式保留。

3.5.2　图案填充的操作步骤

下面以"拾取点"的方式为例,介绍在机械制图中进行剖面线绘制的一般操作步骤。

①单击图案填充命令按钮图标 。

②在命令输入后,系统会弹出如图 3-29 所示的"图案填充和渐变色"对话框。

③在弹出的"图案填充和渐变色"对话框中,对剖面线的样式、角度、比例(或间距)进行设置,然后单击右边的"拾取点"按钮 ;在该命令执行后,将返回到绘图窗口;在命令行出现提示:"选择内部点"。

④在绘图窗口中,用鼠标按"拾取点"的操作要求选择要填充的几何图形,选择完成后,单击鼠标右键或按"Enter"键。

⑤屏幕上会再次出现"边界图案填充"对话框,单击下面的"确定"按钮,即完成所选择对象剖面线的填充。

注意:在进行剖面线填充的操作中,初学者最容易出现的问题是所选择的填充图形边界不封闭,或填充后剖面线超出了选择的边界。之所以出现这种情况,主要是绘图者在绘图过程中,仅用眼睛看而未使用"对象捕捉"功能来找点画图,造成所要填充的图形边界不封闭。出现这样的问题后,要中断填充命令,然后将要填充的图形进行放大观察,找出不封闭处,进行修改,再重新进行填充。为避免出现这种情况,在绘图过程中,一定要使用辅助绘图的"对象捕捉"功能来找点绘图,确保每个点的准确性。另一个问题是填充后,剖面线太密,成了一片。出现这种情况,将绘图光标移动到所填充的剖面线上,双击鼠标左键,会弹出如图3-36所示的图案填充"特性"工具栏,在工具栏的"图案"的特性部分修改剖面线的"比例"值。

【例3-7】 如图3-37所示,装配图已部分画完,请完成序号1橡胶垫片、序号2箱体、序号3轴承端盖的剖面线填充。

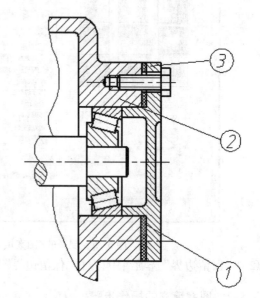

图3-36　填充"特性"快捷工具栏　　　　　图3-37　装配图剖面线填充

作图步骤:

①填充序号2箱体的剖面线。

命令:单击"图案填充"命令图标按钮 。

在出现的"边界图案填充"对话框的"图案填充"选项卡中,"类型"选择为"预定义","图案"选择为"ANSI31","角度"为"0","比例"为"2"。

然后单击右边的"拾取点"按钮 ;在该命令执行后,返回到绘图窗口;在命令行出现提示:"选择内部点",用绘图光标分别在箱体的上面区域和下面区域内点击,所点选的区域将成为闪烁的虚线;然后单击鼠标右键,在弹出的快捷菜单中单击"确认"按钮。

在出现的"边界图案填充"对话框中单击"确定"按钮,即完成对箱体零件的剖面线填充。

②填充序号1橡胶垫片的剖面线。

其操作与前面是类似的,不同之处在于垫片是非金属材料,其剖面线的式样不同,在"边界图案填充"对话框的"图案填充"选项卡中,"类型"选择为"预定义","图案"选择为"ANSI37","角度"为"0","比例"为"1";其余操作同①。

③填充序号 3 轴承端盖的剖面线。

由于轴承端盖与箱体相邻,为区分两零件,应使其剖面线与箱体相反,因此主要是要设置剖面线的方向。在"边界图案填充"对话框的"图案填充"选项卡中,"类型"选择为"预定义","图案"选择为"ANSI31","角度"为"90","比例"为"1.5";其余操作同①。

3.6　文字输入

在机械产品图纸设计中,还经常需要在设计的图纸上书写有关的技术条件,这就需要在图纸上指定的位置进行文字的输入。AutoCAD 提供了方便的文字输入和处理功能,并满足各种制图标准的要求。

从文字的输入来讲,AutoCAD 提供了两个注写文字的命令:单行文字和多行文字。在输入文字之前,应按机械制图标准的要求,设置所需的文字样式。

3.6.1　设置文字样式

在机械制图中,根据具体的设计要求不同,对文字的大小、字体等会有不同的要求,这些可以通过对注写的文字样式进行一定的设置或修改来实现。

【命令】

命令行:**STYLE**

下拉菜单:"格式"→"文字样式"

在输入命令后,系统会弹出"文字样式"对话框,如图 3-38 所示。

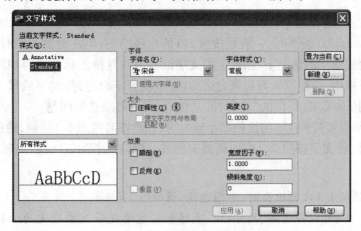

图 3-38　"文字样式"对话框

对话框有 4 个选项组。

(1)"样式"选项组

该部分的功能是对文字样式名进行选择、新建、重命名和删除。

图 3-39 "新建文字样式"对话框

在 AutoCAD 软件安装后,第一次打开"文字样式"对话框时,在"样式"中,只有一个系统默认样式名"Standard",在使用者使用软件并新建有文字样式后,才能进行选择。在这种情况下,可以选择一种作为随后要输入的文字样式名。

"新建"按钮:用于创建文字样式名,单击该按钮,将弹出"新建文字样式"对话框,如图3-39所示。

在样式名输入框中,输入文字样式的名称,单击"确定"按钮后,将返回到"文字样式"对话框。在"样式"下面的框中,将出现刚才新建的样式名。用鼠标右键单击样式名,在出现的快捷菜单中,可以对样式名进行"重命名"和"删除"的操作,但当前正在使用的文字样式名不能被删除。

(2)"字体"选项组

"字体"部分的功能是选择需要的字体及样式。

在"字体"下拉列表框中,可以选择所要的字体名称。在字体名前有 符号的,是矢量字体;有 符号的,是 TrueType 字体。部分 TrueType 字体如 Times New Roman, Arial 等,可以设置"字体样式",如常规、粗体、斜体等。有@符号的字体字头向左。

"使用大字体"复选框:在没有选中的情况下,可以使用计算机系统安装的所有字体;"使用大字体"复选框仅对字体中的矢量字体有效,即在选中所要的矢量字体后,才能复选"使用大字体"复选框,然后再选"大字体"下拉列表中的字体,但也可以不选。使用或不使用大字体对所选字体的英文和数字的书写效果没有影响,但对书写汉字的效果有影响。

(3)"大小"选项组

用于设置文字的高度。"高度"文本框用于设置文字的高度,其默认值是"0"。如果在这里不设置文字的高度,在后面用文字输入命令输入文字时,系统会提示设置文字的高度;如果在这里设置了文字的高度,则以后在用该文字样式输入文字时,系统将按这里设置的高度值输入文字。

"注释性"复选框:在这里,先解释"注释性"的概念:"注释性"是 AutoCAD 2008 推出的新功能。在采用 AutoCAD 绘图时,一般是按照 1∶1 的比例绘图,但在输出图纸时,可能需要放大或缩小。在放大或缩小的情况下,图纸上的文字以及一些其他的标注内容如尺寸的箭头等也会同时被放大或缩小,这样原来看起来合适的标注,就会不合适,如文字或尺寸箭头会变得太大或太小。采用 AutoCAD 提供的"注释性"功能,就可以解决这类问题。

例如,当图纸需要按照 1∶2 的比例缩小输出时,在绘图时按照 1∶1 绘制,通过对标注文字设置"注释性"属性,将文字按照 2∶1 的比例放大标注,这样在图形按 1∶2 输出时,标注文字的大小就符合要求。

注意:当图纸按1∶1比例输出时,不用选择"注释性"复选框。

在 AutoCAD 中,可以将文字、尺寸、块、表格和图案填充等对象设定为注释性对象。对有"注释性"属性的对象,在其样式名处会显示注释性图标 。

选中"注释性"复选框后,应设置文字的高度。在输入文字时,选定需要放大或缩小的比例,然后输入文字就可以了,比例的选定如图 3-40 所示。

(4)"效果"选项组

用于设置文字的效果,有 3 个复选框:"颠倒""反向""垂直"。"宽度比例"是设置字体的宽度和高度的比例,该值大于 1 时,字体变宽;反之,则变窄。"倾斜角度"是指文字的倾斜角,0 为不倾斜,正值表示右倾,负值表示左倾。在使用仿宋字体作为机械图纸的文字字体时,按字体宽度约为高度 2/3 的要求,将宽度比例设为 0.7~0.8 较为合适。

(5)"预览"

在下拉列表中,可以选择文字的样式名,观察所设置的文字样式和效果。

在完成上述设置,并对其预览的效果满意后,单击"应用"按钮,如果要立即使用,还应单击"置为当前"按钮。再单击"关闭"按钮,所设置的样式就成为随后要输入文字的样式。

如果已经使用一个文字样式名输入了文字,现在要对其字体的设置进行修改,可以打开"文字样式"对话框,在"样式名"

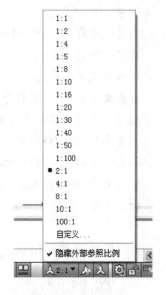

图 3-40 比例设定

下拉列表中,选中该样式名,然后在"字体"及"效果"选项框中,修改设置。完成修改后,单击"应用"按钮,再单击"关闭"按钮,就完成对用该样式名所输入的所有文字字体和样式的修改。

3.6.2 文字输入

文字标注是工程图样的一个重要内容,工程图样上的文字字体包括汉字、数字和字母。按照国家机械制图标准的规定,字体的字高系列为 1.8,2.5,3.5,5,7,10,14,20(单位 mm)。其中,汉字应写成长仿宋字,高度不能小于 3.5mm,字的宽度约为字高的 2/3。

AutoCAD 提供了两个命令:"DTEXT"和"MTEXT",用于在图中放置文本,下面分别介绍。

(1) DTEXT 命令

DTEXT 命令用于在图中输入单行文本,在输入完一行文字后,按"Enter"键可以输入第二行。因此,使用该命令也可以创建多行文字,但其每一行文字是一个对象,对它可以进行单独的编辑。

现在首先用前面讲的方法,新建一个式样名为"工程字体"的文字式样。其方法是:在"文字样式"对话框中,单击"新建"按钮。在弹出的"新建文字样式"对话框中,输入"工程字体"后,单击"确定"按钮,关闭"新建文字样式"对话框。然后在"文字样式"对话框中,在 SHX 字体选项中,选中字体名为"gbeitc.shx"的字体;选中"使用大字体"复选框,在大字体选项中,选中"gbcbig.shx"字体,字高为"0",宽度比例"1.0"。设置后,单击"文字样式"对话框的"应用"按钮,即可完成设置。

【命令】

命令行:**DTEXT**

下拉菜单:"绘图"→"文字"→"单行文字"

在输入命令后,命令提示行提示:

命令：DTEXT

当前文字样式： Standard　当前文字高度:0.0000

指定文字的起点或［对正(J)/样式(S)]：**S** ↙　　　//选择文字样式；

输入样式名或［?］＜Standard＞:工程字体↙　　　//输入文字样式名；

当前文字样式： 工程字体　当前文字高度:0.0000　//显示区提示：

指定文字的起点或［对正(J)/样式(S)]：　　　　//在绘图区用光标指定文字起点；

指定高度 ＜0.0000＞：**15** ↙　　　　//给定文字高度；

指定文字的旋转角度 ＜0＞：↙　　　　//文字不旋转；

输入文字:机械制图↙　　　　//输入文字；

输入文字:倒角,调质处理,ABCD,123456 ↙　　　　//空两字再输入文字。

其效果如图 3-41 所示。

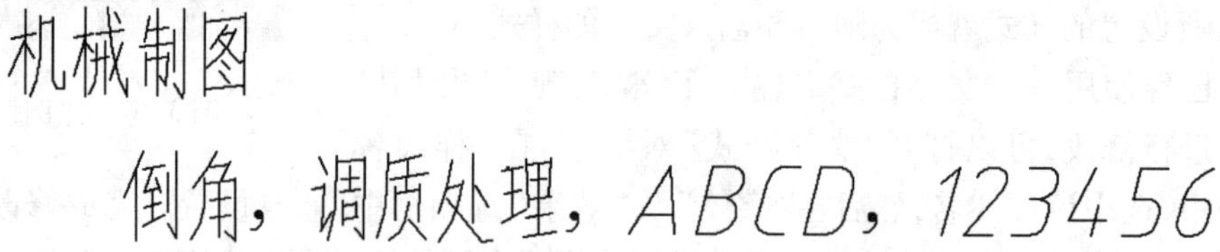

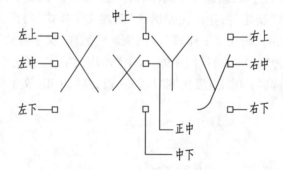

机械制图

倒角，调质处理，ABCD，123456

图 3-41　单行文字

选项说明：

①"对正(J)":用于设置输入文字的对正方式,即文字的什么部分与所选定的文字起点对齐。如果选择该选项,系统提示如下:

输入选项

［对齐(A)/调整(F)/中心(C)/中间(M)/右(R)/左上(TL)/中上(TC)/右上(TR)/左中(ML)/正中(MC)/右中(MR)/左下(BL)/中下(BC)/右下(BR)]：

对正的方式可以按需要进行选择,如不选择对正的方式,其默认的对正方式是以光标给定的位置为输入文字的起点。选项的含义和效果如图 3-42 所示。

图 3-42　文字的对正方式

②"样式(S)":用于确定当前所使用的文字样式。

　　如果要对输入的文字进行编辑,可将光标移动到准备编辑的文字上,用鼠标左键双击,单行文字将被选中,然后移动光标就可以对文字进行编辑和改写。

　　注意:在文字样式的设置中,可以将中文字体与英文字体进行分别设置。绘图标注时,根据需要选用不同的标注样式。对本例的"gbeitc. shx"字体,写中文时,与标准仿宋字体是一样的,在选中"使用大字体"复选框,并在大字体中,选中"gbcbig. shx"字体后,写出的中文字体符合制图标准要求的长仿宋字体。但在使用这种字体时,对有些特殊的标注符号不支持。因此,建议对尺寸数字和字母进行标注时,将字体设置为"gbeitc. shx"字体即可;进行汉字的注写时,应选中"使用大字体"复选框,并在大字体中,选中"gbcbig. shx"字体。

　　(2) MTEXT 命令

MTEXT 命令用于注写多行文本,具有控制所注写文字字符格式和多行文字特性的功能。

【命令】

绘图工具栏:"绘图工具栏"中的"多行文字"命令图标按钮 **A**

命令行:**MTEXT**

下拉菜单:"绘图"→"文字"→"多行文字"

在输入命令后,命令提示行提示:

命令:_mtext 当前文字样式:"Standard"　　当前文字高度:2.5

指定第一角点:　　　　　　　//提示给定文字输入位置矩形框的左上角点,用鼠标给定;

指定对角点或[高度(H)/对正(J)/行距(L)/旋转(R)/样式(S)/宽度(W)]:

　　//当指定第一角点后拖动光标,屏幕上会出现一个动态的矩形框,在矩形框中显示一个箭头符号,用来指定文字的扩展方向,此时可直接给定对角点,系统将弹出"多行文字编辑器",如图 3-43 所示。

图 3-43　"文字格式"编辑器

　　在 AutoCAD 2006 以后的版本中,对"多行文字"的功能有较大的改进,增加了许多功能,使用起来更加方便。"文字格式"编辑器可用来确定文字的格式,如字体、字高、粗体、斜体、颜色等,还可控制样式、对正、宽度及旋转等特性。

　　文字格式工具栏的大多数命令都是很直观的,与 Office Word 软件的操作类似。其中的"追踪"功能是用于控制字之间的间距,默认值是"1"。增大该值会增加字之间的间距,反之亦然。

　　用鼠标停留在标线上,单击鼠标右键,会出现快捷菜单,选定后,可以对"缩进和制表位"

以及"多行文字的宽度"进行设定。多行文字的宽度也可以直接用鼠标拖动标尺上的箭头来改变多行文字的宽度,如图 3-44 所示。

如果要对输入的文字进行复制、粘贴等编辑操作,可以单击鼠标右键,系统会弹出快捷菜单,利用快捷菜单可以进行复制、粘贴、查找、替换等编辑操作。其操作与 Word 类似,快捷菜单如图 3-45 所示。

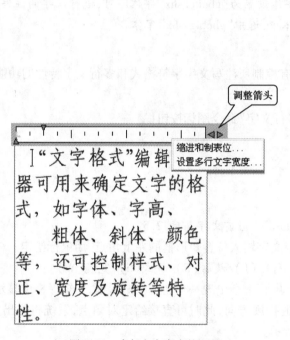

图 3-44　多行文字宽度的调整　　　　　　　图 3-45　快捷菜单

快捷菜单中的"输入文字"功能是指将一个已存在的纯文本文件(＊.txt)内容输入当前的文本中。在完成文字输入后,单击"确定"按钮即可完成多行文字的输入命令。在完成命令后,输入的文字将出现在图纸给定的位置上,如果要对输入的文字进行编辑,将光标移动到文字上,双击鼠标左键,系统会弹出前面的"文字格式"编辑器。

(3)特殊字符的输入

在机械制图中,还会需要输入一些特殊的字符,如直径、角度的符号以及一些其他的希腊字母等。

特殊字符的输入,有如下两种方法:

①在多行文字编辑器中,用鼠标点击符号图标 @▾;或选用快捷菜单的"符号(S)"选项,会出现如图 3-46 所示的符号列表,可以直接输入角度、正/负、直径的符号。例如,输入 45°,100 ±0.02,ϕ150,其格式为 45% % d,100% % p0.02,% % c150。

在符号列表中,还有"其他(O)"选项,选中该选项,系统将弹出有很多特殊字符的"字符映射表",如图 3-47 所示,这大大丰富了 AutoCAD 能够输入的字符。

②在输入文字时,可以使用 Windows 配置的各种输入法所具有的软键盘符号功能,如标点符号、数学符号、单位符号和希腊字母等,从中选择所需输入的特殊字符。

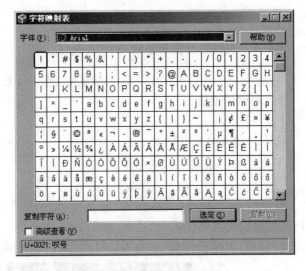

图 3-46　符号列表　　　　　　　　　　图 3-47　"字符映射表"对话框

（4）输入文字的编辑

在对输入的文字进行编辑时,可以直接用鼠标左键双击需要编辑的文字,对采用多行文字命令输入的文字,会出现系统弹出的"文字格式"编辑器对话框;对采用单行文字命令输入的文字,在选中的文字区会出现编辑块,可在其中进行编辑和修改。也可以输入命令或在下拉菜单中,选择相应的命令进入。

【命令】

命令行:**DDEDIT**

下拉菜单:"修改"→"对象"→"文字"

在输入命令后,命令提示行提示:

选择注释对象或［放弃(U)］:　　　　　　　　　　　　//选择要编辑的对象。

3.6.3　特殊标注格式的输入

在工程制图中,有一些特殊的标注格式,其中最典型的就是尺寸的配合公差。AutoCAD的文字格式编辑器的字符重叠按钮 ⅰⅱ ,就是用于这种特殊的标注。重叠按钮 ⅰⅱ 仅对含有"/""^"和"#"3 个分隔符的文本有效,其标注格式是不同的。

①如果要输入分子分母格式的字符,应在输入时先输入分子的字符,在分子字符后,输入分隔符"/",再输入分母字符,然后选中整个分式如"2/3"后,单击按钮 ⅰⅱ ,则标注的字符成为分式排列 $\frac{2}{3}$ 。

②如果书写的分式要采用斜线的方式,则应在输入时,在分子和分母之间,用"#"分隔,然后选中整个分式如"3#4",单击 ⅰⅱ ,则标注成为 $\frac{3}{4}$ 。

③如果要输入极限偏差尺寸,如$36^{+0.01}_{-0.03}$。在输入时,上偏差与下偏差之间,应输入"^"分隔符号,即其格式为"36 + 0.01^ - 0.03",然后选中" + 0.01^ - 0.03"部分,单击 ![按钮] ,则标注成为$36^{+0.01}_{-0.03}$。

3.6.4　表格的设置与创建

在 AutoCAD 2011 中,可以创建和输入表格。下面作一个简要的介绍。

(1)表格的设置

【命令】

命令行:**TABLESTYLE**

下拉菜单:"格式"→"表格样式"

命令输入后,打开"表格样式"对话框,如图 3-48 所示。在对话框中,单击"新建"按钮。打开"创建新的表格样式"对话框,如图 3-49 所示,创建新的表格样式。输入新样式名后,单击"继续"按钮,系统会打开"新建表格样式"对话框,如图 3-50 所示。

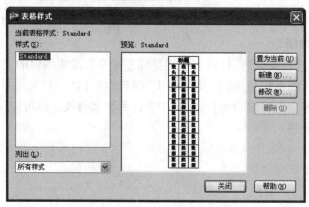

图 3-48　"表格样式"对话框

图 3-49　"创建新的表格样式"对话框

在"新建表格样式"对话框中,可以对表格的"数据""字体"和"边框"等特性参数进行设置。

①"起始表格"选项:是指用户选定一个已有的表格作新建的表格样式。

②"常规"选项:有"向上"和"向下"两个选项,是指表头在表格的下部或上部。

③"单元格式"选项组:在选项组中,用户可以在下拉列表中,选择"标题""数据"和"表头"3 部分表格内容,用下面的"常规""文字"和"边框"选项卡,对它们各自的字体、在表格中的位置、表格边框的线型和颜色等进行分别设置,如图 3-51 所示。

设置完成后,单击"确定"按钮,会返回到"表格样式"对话框。选中刚创建的表格式样名,单击"置为当前"按钮,即可使用。

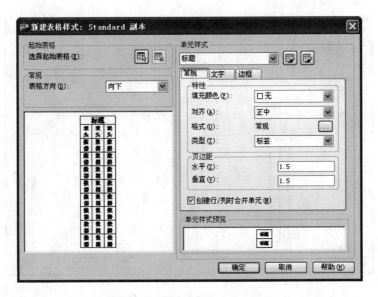

图 3-50　"新建表格样式"对话框

图 3-51　"常规""文字"和"边框"选项卡

(2) 表格的创建

【命令】

绘图工具栏:绘图工具栏的"插入表格"图标🔳

命令行:**TABLE**

下拉菜单:"绘图"→"表格"

命令输入后,打开"插入表格"对话框,如图 3-52 所示。

①在"表格样式"选项组中,可以从"表格样式名称"的下拉列表框中,选择所需的表格样式。或单击🔲按钮,打开"表格样式"对话框,创建新的表格样式。

②在"插入方式"选项组中,一般选择"指定插入点"的方式即可,用鼠标在屏幕上指定表格插入的位置。

③在"列和行设置"选项组中,可以按需要设置表格的行数和列数以及列的宽度和行的高度。这里的"行高"是指按照文字行高指定的表格行高,而不是行的实际高度。文字行高是按照设置的文字高度加上单元边距,这两项均在表格样式中设置。在设置行高时,一般设置为"1"即可。

④在"设置单元样式"选项组中,对表格的第一行和第二行以及其他的所有行的内容在

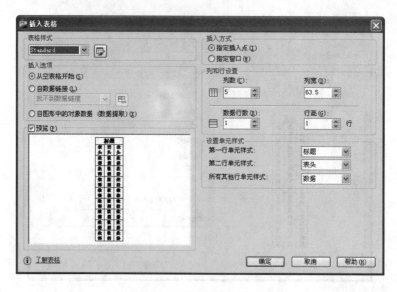

图 3-52 "插入表格"对话框

"表头""标题"和"数据"中进行选择设定。

⑤在"输入选项"选项组中,"从空表格开始"是指按照前面设置的行和列,打开一个空的表格。

"自数据链接"是指从 Microsoft Excel 中,导入一个已经创建好的数据文件到图形中。在选中该选项后,如果用一个已经使用过的数据文件,可以在下拉列表中进行选择,如果是新的,应选择"启动数据链接管理器"或单击"启动数据链接管理器"的图标,系统会弹出"选择数据链接"对话框,如图 3-53 所示。在对话框中,选中"创建新的 Excel 数据链接",系统会弹出如图 3-54 所示"输入数据链接名称"对话框,在对话框中,输入文件名。该文件名可以与要导入 Excel 的文件名相同,也可以不同。在输入文件名后,单击"确定"按钮,系统会弹出"新建Excel 数据链接"对话框,如图 3-55 所示。在该对话框中,设置要导入的 Excel 文件的路径。路径的设置有两个选项:一种是用浏览的方式选择,选中该方式时,会弹出一个与 Windows 系统"另存为"操作风格一致的对话框,在其中确定文件所在的路径;另一种是直接输入文件所在

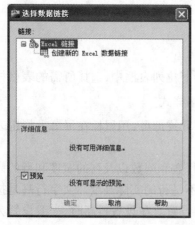

图 3-53 "选择数据链接"对话框

图 3-54 "输入数据链接名称"对话框

的路径。在输入正确的情况下,系统会返回到"新建 Excel 数据链接"对话框,并显示所选择的文件路径,选中"预览",就可以对链接的文件进行预览了,如图 3-56 所示。单击"确定"按钮,系统会返回到"选择数据链接"对话框,在选中"预览"时,会在预览窗口显示要链接的表格,如图 3-57 所示。单击"选择数据链接"对话框的"确定"按钮,系统会返回到"插入表格"对话框,在预览窗口,可以看到要插入的表格,如图 3-58 所示。单击"确定"按钮后,系统会返回到绘图状态,用鼠标选定表格插入的位置,就完成了 Excel 数据表格的插入。

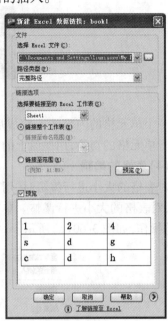

图 3-55 "新建 Excel 数据链接"对话框

图 3-56 选择 Excel 路径

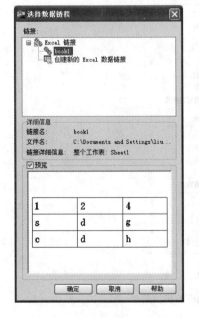

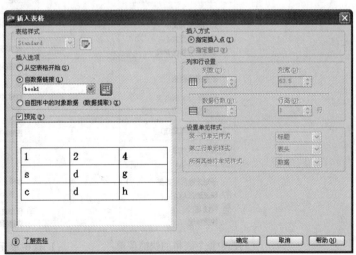

图 3-57 "选择数据链接"对话框

图 3-58 "插入表格"对话框

(3)表格内容的输入

表格创建后,在屏幕上会出现所创建的表格及"文字格式"对话框,如图 3-59 所示。在光标处输入表格的内容。

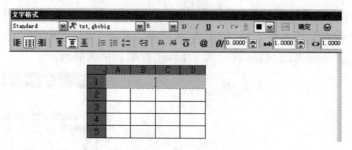

图 3-59　表格内容的输入

一个单元格的内容输入完成后,按鼠标左键或键盘上的"Enter"键结束输入,再按"Tab"键进行单元格的切换,用键盘上的方向键,可以改变输入的单元格。

(4)表格的编辑

对表格的大小进行编辑时,用鼠标单击表格即可,在出现选中符号后,可以用夹点编辑的方式,对表格的大小进行调整。单击右键,在出现的快捷菜单中,可以进行"复制""移动""旋转"等操作,如图 3-60(a)所示。

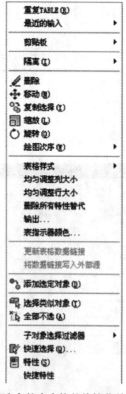

(a)选中整个表格的快捷菜单　　(b)选中单元格的快捷菜单

图 3-60　表格的快捷菜单

需要对单元表格进行插入、合并等操作时,应先选中表格中的单元格,单击右键在出现的快捷菜单中,选择相应的命令来进行。其操作与 Word 类似。快捷菜单如图 3-60(b)所示。

对表格文字内容的编辑,用鼠标双击需要编辑的单元格,系统会打开"文字格式"对话框,在其中按文字的编辑方法进行编辑。

上机练习与指导(二)

1. 按照前面讲解的例子,熟悉绘图工具栏各绘图命令图标的功能和用法。

①"PLINE"命令画图,设等宽线宽 2 mm。

②用 3 种方法画圆弧。

2. 绘制如图 3-61 所示的图形。

作业指导:

用画正多边形的命令 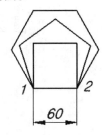 的选项"边(E)"画多边形,在绘制时,要注意第一点和第二点是按逆时针方向。

图 3-61　正多边形

3. 按如图 3-62 所示尺寸画扳手零件图,不标尺寸,画完后存盘。

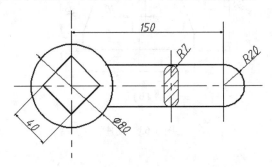

图 3-62　扳手

作业提示:

要设图层、线宽,要设置并使用捕捉功能。正四边形可用正多边形的命令 的选项"外切于圆(C)"的来画,画好后,再用旋转命令 旋转即可。正四边形绘制好后,用"删除"命令删除辅助圆。

4. 绘制如图 3-63 所示的图形,不标注尺寸,完成后存盘。

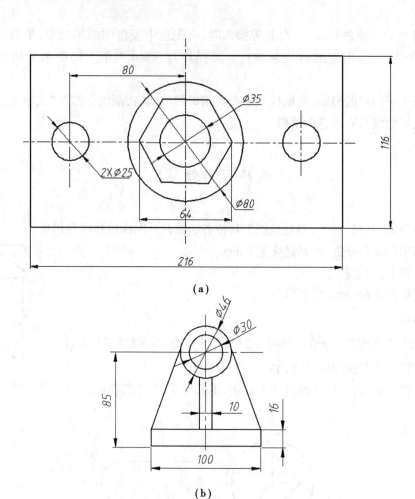

（a）

（b）

图 3-63　支座

上机练习与指导（三）

1. 绘制如图 3-64 所示标题栏。

用"TEXT"或"MTEXT"命令填写标题栏。

要求：

①"齿轮"字高 12，其他字高 5。标题栏外框线宽 0.3，其余线宽用默认值。

②在文字样式的设置中，将中文字体与英文字体进行分别设置：

汉字字体为"gbeitc. shx"字体，选中"使用大字体"复选框，并在大字体中，选中"gbcbig. shx"。

尺寸数字和字母将字体设置为"gbeitc. shx"字体。

2. 用"MTEXT"命令输入下列文字，字体按 1 题要求进行设置，"技术条件"字高"8"，其余字高"5"。

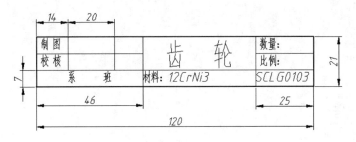

图 3-64　标题栏

技术条件

1. 未注倒角C2。

2. 调质处理，HB280~320。

3. 零件表面不得有折叠、夹渣等缺陷。

4. 零件表面发蓝处理。

图 3-65　文字

3. 编辑、修改文字。

①用下拉菜单"修改"→"对象"→"文字"的命令编辑文字。

②用鼠标左键双击要编辑的文字，打开"文字格式"编辑器编辑文字。

4. 创建表格练习。创建如下表格：字高设置为"5"，单元格宽度为"20"。

法向模数	3	
齿数	26	
压力角	20°	
配对齿轮	齿数:39	
	图号:002	

作业指导：

用插入表格的命令创建表格时，"行高"的设置值设为"1"。"配对齿轮"单元格在表格创建后，用表格快捷菜单中的"合并"命令来实现两个单元格的合并。

第 **4** 章
辅助绘图工具与图层

4.1 辅助绘图工具

在 AutoCAD 环境下作图,与通常的图板尺规作图相比,在绘图的直观性方面有一定的差异。在没有尺规的情况下,如何找到在绘图中所需要的特征点,准确地确定这些点在同一张图不同视图上的位置,使视图之间保持正确的投影关系,就成为在 AutoCAD 环境下正确绘图的一个重要问题。为了实现方便、快捷、精确地绘图,AutoCAD 提供了多种辅助绘图工具来辅助作图。掌握和正确使用这些辅助作图工具,有助于培养良好的作图习惯,提高作图的效率。

在 AutoCAD 界面的下方,有状态显示区,如图 4-1 所示。下面介绍状态显示区的辅助绘图工具的功能、设置和使用。

图 4-1　状态显示区

状态显示区的辅助绘图工具,用鼠标单击来控制其开关。当图标为彩色显示,其功能为开;灰色显示时,为功能关闭状态。当鼠标移动到图标上,会悬浮出现该图标的名称。单击鼠标右键,会出现快捷菜单,如图 4-2 所示。下面对快捷菜单的选项作一介绍。

"启用(E)":是指所选辅助绘图工具图标功能的启用和关闭。

"使用图标":是指辅助绘图工具栏的显示状态,是用图标显示还是用名称显示。前面有"√"的,表示选中。

在 AutoCAD 较早的版本中,状态显示区的功能按钮是用名称显示的。在新的版本中,保留了这一功能,在没有选中"使用图标"的情况下,则状态显示区的功能图标会变为名称显示,如图 4-3 所示。

"设置":选中设置,会弹出设置对话框,对图标的具体功能进行设置。

"显示":选中显示,后面会出现显示快捷菜单,菜单列出了全部的辅助绘图工具的名称,前面有"√"的表示该辅助绘图工具会显示在状态显示区。

状态显示区的辅助绘图工具图标比较多,为了简化选择,提高制图效率,这些图标可以按

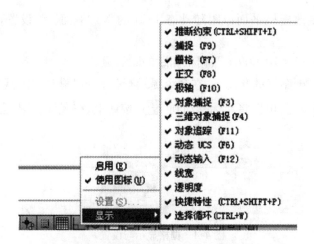

图 4-2　辅助绘图工具图标的显示设置

图 4-3　按辅助绘图工具的名称显示

照绘图的实际需要,关闭一些不用的图标,仅显示需要使用的图标。

4.1.1　栅格显示与光标捕捉

(1)栅格显示

栅格显示的功能类似于用坐标纸绘图。在打开栅格显示功能后,在 AutoCAD 2011 以前的版本中,设置的绘图区域是按一定的间距显示栅格点。在 AutoCAD 2011 中,对栅格的显示作了改进,是以网格的形式显示栅格,看起来更像是在坐标纸上绘图。但栅格显示不会成为所绘制图形的一部分,也不会随图形输出。

常用两种方法打开显示栅格功能:

- 用鼠标左键单击"状态显示区"的"▦"按钮,使其状态为打开的状态。
- 输入命令:**GRID** ↙。

在用键盘输入命令后,命令提示行将提示:

指定栅格间距(X) 或 [开(ON)/关(OFF)/捕捉(S)/主(M)/自适应(D)/界限(L)/跟随(F)/纵横向间距(A)] <10.0000>:

选项说明:

①"指定栅格间距(X)":该选项为默认选项,提示用户输入一个新的栅格间距数值,如输入 nX(n 为一个数值),则表示栅格显示间隔为当前显示的 n 倍。

②"开(ON)/关(OFF)":该选项表示打开或关闭栅格显示模式。

③"捕捉(S)":表示将当前栅格间距设置为栅格捕捉的间距值。

④"主(M)":指定主栅格线与次栅格线比较的频率。将以除二维线框之外的任意视觉样式显示栅格线而非栅格点。

⑤"自适应(D)":控制放大或缩小时栅格线的密度。

⑥"界限(L)":显示超出"LIMITS"(图限)命令指定区域的栅格。

⑦"跟随(F)":更改栅格平面以跟随动态 UCS 的 XY 平面。该设置也由 GRIDDISPLAY 系统变量控制。

⑧"纵横向间距(A) <10.000 >":栅格间距的默认值。

用鼠标单击栅格▦图标的状态下,在命令提示行仅显示"栅格 开"或"栅格 关",如果想要对栅格的显示进行设定,可以将光标移动到"▦"按钮上,按鼠标右键,会弹出如图4-4所示的快捷菜单。

图 4-4　栅格显示与设置

选择"设置(S)"后,会弹出"草图设置"对话框的"捕捉和栅格"设置选项卡(见图4-5),在其中对栅格的间距进行设置。

图 4-5　"捕捉和栅格"选项卡

如果需要对栅格线的颜色进行设置,应打开"工具"菜单中的"选项"命令。在弹出的对话框中,选择"显示"选项卡。在"窗口元素"选项栏中,单击"颜色"按钮。在后面弹出的"图形窗口颜色"对话框中,对"栅格主线""栅格辅线"和"栅格轴线"进行设置,如图4-6所示。

(2) 光标捕捉

在使用光标捕捉功能时,绘图光标能自动捕捉到所设置的栅格点处,光标捕捉功能既可以在栅格显示打开的状态下使用,也可以在栅格显示关闭状态下使用。在光标捕捉功能打开的情况下,光标只能在设置的捕捉栅格点上移动,从栅格的一个点移动到另一个点。

由于栅格的间距是按绘图的需要设定的,采用光标捕捉的方式,可以简化绘图中点坐标的输入,类似于用坐标纸上绘图时,数格子定尺寸的绘图方式。

常用两种方法打开光标捕捉功能:

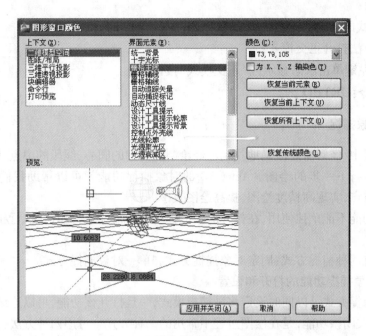

图 4-6　"图形窗口颜色"对话框

● 用鼠标左键单击状态显示区的 ▦ 按钮,如再次单击该按钮,将关闭光标捕捉功能。

● 输入命令:**SNAP** ∠。

在输入命令后,在命令提示行将提示:

指定捕捉间距或[开(ON)/关(OFF)/纵横向间距(A)/样式(S)/类型(T)] <10.000 >

选项说明:

①"指定捕捉间距":该选项为默认选项,提示用户输入一个数值,系统将把它作为捕捉栅格在水平和垂直方向的间距。

②"开(ON)/关(OFF)":该选项表示打开或关闭光标捕捉模式。

③"纵横向间距(A)":用于设置捕捉栅格的间距,如选用该选项,系统将提示用户分别设置捕捉栅格的水平和垂直间距,在默认状态下,栅格的水平与垂直间距相等。

④"样式(S)":执行该选项,系统要求用户在标准捕捉栅格与等轴测捕捉栅格之间进行选择,并进行有关设置。标准捕捉是指通常的矩形栅格(默认模式),等轴测模式是为画正等轴测图而设计的栅格捕捉。

⑤"类型(T)":该选项用于确定捕捉类型,即采用极轴捕捉还是栅格捕捉。

也可以通过对栅格设置类似的方法,在如图 2-18 所示的选项卡中,进行光标捕捉设置。

4.1.2　正交模式

在绘图过程中,经常要绘制水平线或垂直线,如果采用鼠标作为定位工具,仅凭眼睛来看所画的线是否水平或垂直是很困难的,通常出现画的时候感觉是水平或垂直的,但将图形放大后,才发现并不水平或垂直。用 AutoCAD 的正交模式可以很好地解决这个问题。在正交模式下,用鼠标作为定位工具时,所画的直线将全部是水平线或垂直线。

但在正交模式打开的情况下,如果用输入点的坐标来绘制直线,则可以绘制任意方向的直线,不受正交模式的影响。

常用两种方法打开正交模式:

- 用鼠标左键单击状态显示区"正交模式"按钮 ⬜ 。

- 输入命令:**ORTHO** ↙ 。

4.1.3 对象捕捉

在绘图过程中,经常需要准确地找到已经绘制过的圆的圆心、线段的中点、线段的端点、交点等特殊点来进行下一步的绘图。AutoCAD 的对象捕捉功能就可以帮助我们方便而精确地捕捉到这些特殊点,实现高精度绘图,提高绘图效率。

对象捕捉功能不能单独使用,在打开对象捕捉功能的情况下,只有在执行相关绘图命令时才起作用。

AutoCAD 有两种捕捉方式:固定对象捕捉方式和单一对象捕捉方式。

(1) 固定对象捕捉功能的打开和设置

固定对象捕捉方式可以同时设定多种捕捉模式,一旦打开该功能,可以连续执行所设置的捕捉模式,直到关闭该功能,是在绘图过程中常用的一种方式。可用两种方法打开固定对象捕捉功能:

- 用鼠标左键单击状态显示区的"对象捕捉"按钮 ⬜ 。

- 输入命令:**OSNAP** ↙ 。

由于对象捕捉的方式很多,一般在使用该功能前,应进行必要的设置。进行对象捕捉设置常用的方法是将鼠标移到状态显示区的"对象捕捉"按钮上,单击鼠标右键,会弹出快捷菜单(见图 4-7),带方框的图标表示当前打开的捕捉方式。用鼠标单击图标来改变捕捉方式的开闭状态,也可以选择其中"设置(S)"后,在出现的"对象捕捉"选项卡中,对捕捉的功能进行设置,如图 4-8 所示。

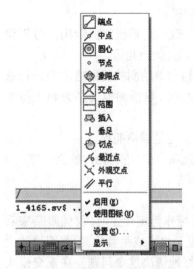

图 4-7 "对象捕捉"快捷菜单

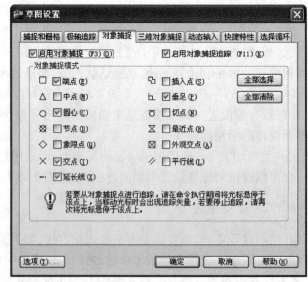

图 4-8 "对象捕捉"选项卡

该选项卡的选项功能如下:

　　①"启用对象捕捉"与"启动对象捕捉追踪"复选框:用于控制是否打开对象捕捉功能和对象追踪功能。

　　②"对象捕捉"选项组:在对象捕捉的选项组内,每种捕捉模式名称前面的几何图形代表在捕捉到该名称所表示的对象特征点时,在该特征点位置处屏幕上所显示的几何图形标记。在系统默认设置的情况下,该标记的颜色是绿色。如果要修改捕捉标记的颜色和大小,可用鼠标单击"对象捕捉"选项卡左下角"选项(T)"按钮,在弹出的"草图"选项卡中,对捕捉标记的颜色和大小进行适当的设置。"草图"选项卡如图4-9所示。

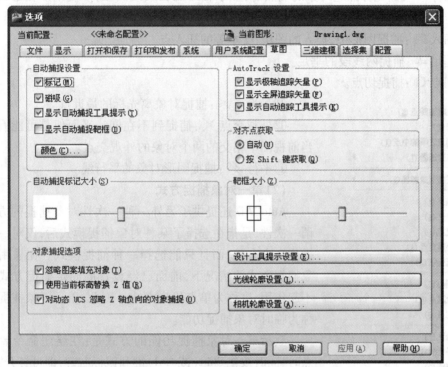

图 4-9　"草图"选项卡

　　在"自动捕捉设置"选项组中,有 4 个复选框:

　　● "标记"复选框:表示当拾取靶区经过绘图窗口的图形对象时,该图形对象上符合设置的捕捉模式条件的特征点处,就会显示相应的捕捉标记。

　　● "磁吸"复选框:表示拾取靶会锁定在捕捉点上,并只能在捕捉点间跳动。

　　● "显示自动捕捉工具栏提示"复选框:表示系统将显示关于捕捉点的文字说明。

　　● "显示自动捕捉靶框"复选框:表示系统将显示拾取靶框。

　　注意:绘图过程中,需要使用哪些捕捉模式,要根据绘图的需要进行选择和设置。如果同时选择的捕捉模式过多,在绘图时,多个捕捉符号混在一起,不容易看清楚,还容易出错。这时,应关闭一些暂时不用的捕捉模式。

　　每种捕捉模式的含义如下:

　　①端点 ：捕捉直线段或圆弧的端点。

　　②中点 ：捕捉直线段或圆弧的中点。

③圆心 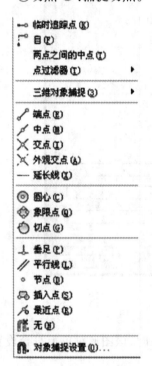:捕捉圆或圆弧的圆心,在执行绘图命令时,将鼠标光标放到圆周上,即可捕捉到圆心。

④节点 :捕捉到点对象、标注定义点、标注文字起点或外观交点。

⑤象限点 :捕捉圆、圆弧或椭圆上距离光标最近的象限点。

⑥交点 :捕捉到圆弧、圆、椭圆、椭圆弧、直线、多线、多段线、射线、面域、样条曲线或参照线的交点。

⑦延伸 :当光标经过对象的端点时,显示临时延长线或圆弧,以便用户在延长线或圆弧上指定点。

⑧插入 :捕捉图形中,插入的图块、文本等的插入点。

⑨垂足 :捕捉两线段的垂足。

⑩切点 :捕捉切点。

⑪最近点 :捕捉对象离光标的最近点。

⑫外观交点 :捕捉到不在同一平面但是可能看起来在当前视图中相交的两个对象的外观交点。

⑬平行 :捕捉图形对象的平行线。

(2)单一对象捕捉方式

AutoCAD 还提供了另外一种一次性对象捕捉的方式。所谓一次性,是指在选择了某种对象捕捉模式后,仅对一次绘图操作命令有效,而且只能选择一种捕捉模式。在采用单一对象捕捉方式的情况下,前面已经设置的固定捕捉方式将暂时不起作用,这称为单点优先方式。因此,单一对象捕捉功能也称为临时对象捕捉功能。

激活单一对象捕捉功能的方式是:在绘图命令要求输入点时,同时按住 Shift(或 Ctrl)键和鼠标右键,即可打开"对象捕捉"光标菜单,如图 4-10 所示。在该菜单中包括了所有的对象捕捉模式,选择所需的模式,即可执行相应的对象捕捉功能。

【例 4-1】 对象捕捉的应用。

如图 4-11 所示,先画一个圆,再画一条直线与该圆相切,

图 4-10 "对象捕捉"光标菜单

然后画一条直线与圆的切线垂直。

由于本例要用到"切点"和"垂足"捕捉功能,因此,应先将这两个功能处于打开状态,也可以用"对象捕捉"工具栏进行设置。

4.1.4 自动追踪

自动追踪功能是在绘图过程中非常有用的一个辅助绘图工具。它可以快速而精确地帮助绘图者找到所需要的一些绘图特征点,极大地提高了绘图效率。在打开自动追踪功能执行绘图命令时,随着鼠标光标的移动,在绘图窗口内会显示一条或两条临时辅助线,绘图者可以利用显示的辅助线或辅助线的交点来找到所需的绘图特征点,精确地绘制图形,可以非常方便地进行投影作图。

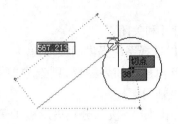

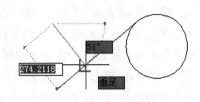

（a）直线与圆相切　　　　　　　　　　　　　（b）直线与直线垂直

图 4-11　对象捕捉应用

自动追踪功能包括极轴追踪和对象捕捉追踪。

（1）极轴追踪

极轴追踪是以极坐标的方式进行辅助绘图。在极轴追踪功能 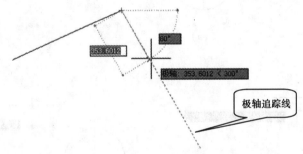 打开的情况下，当光标达到设定的追踪角度的整数倍方向时，会出现一条由小点组成的辅助线，在光标旁，还有光标当前位置的极轴半径和极坐标角度显示，如图 4-12 所示。绘图者可以利用该辅助线进行精确地绘图。

极轴追踪线

图 4-12　极轴追踪

如同自动捕捉功能一样，极轴追踪功能也只能在执行绘图命令的过程中，才能使用。

1）使用极轴追踪功能的方法

在输入绘图命令后，将绘图光标移动到选择的追踪基点，在自动捕捉功能开启的情况下，会自动捕捉到所选择的点。在图 4-12 中，选择的是直线的一个端点，然后移动光标，就会出现极轴追踪的辅助线和当前光标位置相对于基点的极坐标值。

2）极轴追踪功能的设置

极轴追踪功能的设置可将鼠标移动到"对象捕捉追踪"的图标 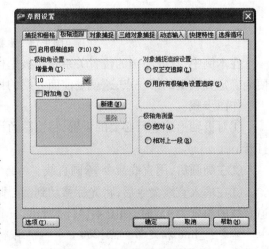 上，单击鼠标右键，在弹出的快捷菜单中，选中"设置（S）"，在出现的"草图设置"对话框的"极轴追踪"选项卡中完成，如图 4-13 所示。

图 4-13　"极轴追踪"选项卡

在"极轴追踪"选项卡中，各选项功能

如下：

• "启用极轴追踪"复选框：用于控制极轴追踪功能的打开和关闭。

• "增量角"下拉列表框：在该下拉列表框中，绘图者可以选择系统提供的极轴角。

• "附加角"复选框：用于控制用户是否设置自己的极轴角。如果需要，则选中"附加角"，在单击"新建"按钮后，可在旁边输入框内，输入所需的极轴角。

• "极轴角测量"选项组：包括两个单选按钮"绝对"和"相对上一段"，分别表示极轴角是绝对极角还是相对前一线段的角度。

【例4-2】 绘制如图4-14(a)所示的图形。

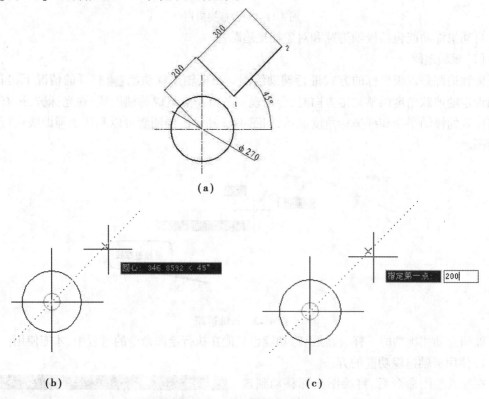

图 4-14 极轴追踪的应用

在本例中，直线与圆的位置关系是用极坐标的方式给出的，使用极轴追踪的方法可以很方便地确定直线上的第一点，这就是前面介绍的鼠标导向输入点方法的应用。

作图步骤：

①对极轴追踪进行必要的设置，将追踪角设为"15°"，并将极轴追踪功能和对象捕捉功能打开。

②在画圆后，用直线命令 ╱ 画直线。

③在输入直线命令后，将光标移动到圆心附近，将自动捕捉到圆心，并出现追踪的虚线，在追踪线的角度为45°时，如图4-14(b)所示，按命令提示栏提示：

命令：_line 指定第一点：**200** ↙　　//鼠标导向，输入直线的第1点，如图4-14(c)所示。

指定下一点或［放弃(U)］：**300** ↙　　//鼠标导向，输入直线的第2点。

（2）对象捕捉追踪

在绘图过程中,经常需要将特征点定在已经画好的一条线的延长线上,如实现三视图中"长对正、高平齐、宽相等"的投影关系,以及用两条线的延长线交点来作为下一步绘图中确定位置关系的特征点等问题。采用 AutoCAD 提供的对象捕捉追踪功能,能帮助绘图者方便而精确地完成这些工作。

对象捕捉追踪功能可以产生基于对象捕捉点的临时辅助线,是与对象捕捉功能相关的功能,因此,只有在对象捕捉功能打开而且设置合适的捕捉模式情况下,才能使用对象捕捉追踪功能。

对象捕捉追踪功能的设定,也是在如图 4-13 所示的"极轴追踪"选项卡中完成的。在该选项卡中的"对象捕捉追踪设置"选项组中,包括两个单选按钮"仅正交追踪"和"用所有极轴角追踪",分别用于确定追踪的方式,一般用系统的默认设置即可。

在使用对象追踪功能来确定一个相对于追踪点有精确距离关系的点的位置时,根据具体绘图命令的不同,在捕捉到追踪点后,用鼠标导向的方式将追踪辅助线移动到要求的方向上,直接输入两点的距离值即可。其具体操作方法与例 4-2 类似。

【例 4-3】　单点对象捕捉追踪功能。

假设在如图 4-15 所示图形的俯视图中,要画主视图中凸起部分的投影。以主视图的特征点作为对象捕捉追踪点,在俯视图上,实现投影关系的长对正。在作图时,输入绘制直线的命令 ✐ 后,移动鼠标至所选的特征点,待对象捕捉标记出现后,移动光标到垂线方向,在追踪线与俯视图相交的地方,出现"交点"的提示,这里便是要画的直线第 1 点。

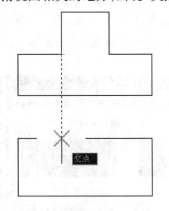

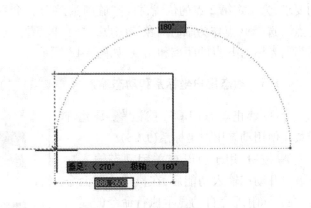

图 4-15　单点对象捕捉追踪　　　　　图 4-16　两点对象捕捉功能

【例 4-4】　两点对象追踪功能。

在画矩形时,假如不用绘图命令中的矩形命令来画,而用直线命令的方法来画时,用两点对象追踪功能可以方便地确定最后一个点。

画矩形下面一条边时,在确定了第 1 个点后,将绘图光标向左移动,会出现一条追踪线,将光标向上移动,捕捉到上面一条边的端点后,向下移动光标,会出现另一条追踪线,两追踪线的交点,就是矩形下面一条边的另一个端点,如图 4-16 所示。

（3）临时追踪点

在绘图中,有时需要以一个点作为参照点,来确定另外一个点的几何位置。临时追踪点功能可以用空间中任意一个点作为参照点,为另一个点的拾取提供快速的几何参照。该方式通常与其他对象捕捉模式配合使用。与所有的捕捉功能一样,临时追踪点也只能在执行绘图命令时才能使用,与极轴追踪的功能的区别在于临时追踪只用一次。

打开临时追踪功能的方法:在执行绘图命令的过程中,单击鼠标右键。在弹出的快捷菜单中,选择"捕捉替代"级联菜单。在出现的菜单中,选择"临时追踪 ➡",如图 4-17 所示。

图 4-17　打开"捕捉替代"菜单

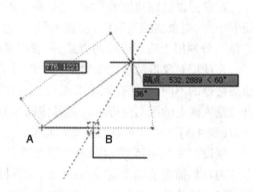

图 4-18　"临时追踪"示意图

例如,在图 4-18 中,确定了直线的第 1 点 A 点后,直线的另一点相对与 B 点有距离和角度的要求,为确定第 2 点的位置,打开"临时追踪"后,命令栏会出现提示:"_tt 指定临时对象追踪点":选择 B 点作为临时对象追踪点,这时可以看到过 B 点出现一条虚线,并在光标附近显示当前光标与 B 点的距离和角度,如图 4-18 所示。

4.1.5　动态用户坐标系和动态输入

允许/禁止动态(UCS)按钮 ⬚ 是允许或禁止使用动态用户坐标系(UCS)。

⬚ 按钮,用于打开或关闭动态输入功能。打开动态输入功能后,在执行绘图命令时,在光标附近会自动显示执行命令的提示和动态的输入文本框。这时,输入命令的选择、点的坐标或尺寸的输入在文本框中进行;如果关闭该功能,尺寸和选择的输入在命令栏进行。动态输入的模式可以进行适当的设置,将光标移动到动态输入 ⬚ 按钮上,单击鼠标右键,在出现的快捷菜单中,选择"设

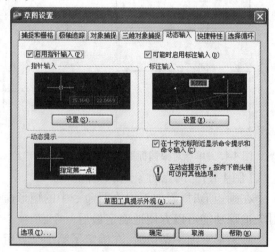

图 4-19　"动态输入"选项

置",打开"草图设置"对话框中的"动态输入"选项卡,如图 4-19 所示。

在动态输入开启的情况下,有两种基本的模式:指针输入和标注输入。指针输入和标注输入的区别在于显示的方式不同。在指针输入的情况下,动态点是以直角坐标的方式显示当前

光标相对于前一点的位置坐标,如图 4-20 所示;而标注输入是按极坐标的方式显示当前光标相对与前一点的位置,如图 4-21 所示。

注意:在绘图过程中,如果在标注输入的显示状态下,需要按直角坐标的方式输入点的坐标时,在输入矢径长度的输入框中输入 X 的坐标值后,按逗号",",键,输入的值将作为 X 坐标值并被锁定;同时,显示转换为指针输入模式,再输入 Y 值,按"Enter"键。

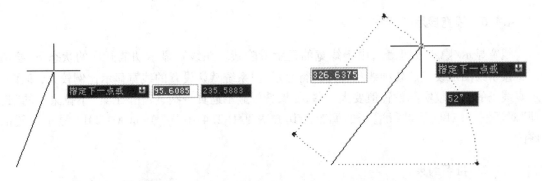

图 4-20　指针输入　　　　　　　　　　　　图 4-21　标注输入

单击"设置(S)"按钮,可以对两种模式进行设置。一般按系统默认设置即可。单击下面的"设计工具栏提示外观(A)",打开"工具栏提示外观"对话框,可以对动态输入框的颜色、大小、透明度等进行设置,如图 4-22 所示。

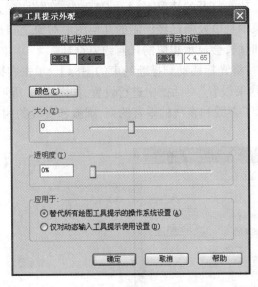

图 4-22　工具提示外观对话框

在动态功能打开的状态下,执行的命令有多个选项时,在动态显示的文本提示框中,出现的提示是系统的默认选项,同时在其后面出现一个向下的箭头,按键盘上向下的方向键↓,会出现可供的选项。例如,画圆则在输入画圆的命令 ⊙ 后,显示如图 4-23 所示,这时按键盘上的方向键↓,在其下面会出现级联菜单,可用光标选定所需的方法,如图 4-24 所示。

图 4-23 输入画圆的命令后,出现的提示   图 4-24 画圆的选项

4.1.6 线宽显示/隐藏

线宽显示/隐藏按钮 ，用于线宽的显示或隐蔽。在线宽显示功能开启的状态下,绘图区将按所绘图形设置的各种线条宽度进行显示,但系统默认设置的线宽显示比例较大,即在显示时线条的宽度较实际设置值要大一些,如果希望显示逼真一些,应在"工具"下拉菜单的"选项"对话框中,对显示进行适当的调整。其方法见 1.2.4 小节"AutoCAD 2011 显示设置的修改"。

4.1.7 推断约束

所谓约束,是指在绘制图形对象的过程中,图形对象与图形对象之间的几何位置关系,如直线与直线垂直、平行,直线和圆相切等。在图形对象元素几何约束存在的情况下,对图形对象进行编辑时,会仍然保持原有的几何约束不变。

推断约束 ,是在此功能打开的情况下,AutoCAD 能按照设定的几何约束类型,对当前绘图者绘制的几何图形对象本身以及与已经绘制的几何图形对象之间是否满足设定的几何约束关系进行推断,在满足的时候,会显示相应的几何约束符号。

推断几何约束的设置:将光标移动到推断约束的图标上,单击右键,在出现的快捷菜单中,选中"设置",在弹出的"约束设置"对话框中进行设置,如图 4-25 所示。

如图 4-26 所示,显示了直线和直线的垂直约束,圆弧和直线的相切约束,以及直线为水平的约束。

图 4-25 "约束设置"对话框

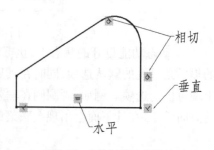

图 4-26 "几何约束"显示

在图形编辑和修改时,可按照设计绘图的需要取消约束关系。其方法是:在下拉菜单"参数"中,选择"删除约束"命令,然后用鼠标选择形成几何约束的图形对象即可。也可以将光标移动到约束符号上,单击约束符号右上角的关闭符号;或单击右键,在快捷菜单上选择"删除"即可。

4.2　图层的设置与管理

在 AutoCAD 中,绘制的所有图形、文字、标注的尺寸等都称为对象,而对象特征是指对象的线型、线宽、颜色、所在图层等特征要素。按照国家标准"机械制图"的规定,在机械制图中采用不同的线型,如粗实线、细实线、虚线、点画线等来表示和区分不同的图形对象。在计算机绘图中,为便于区分不同的对象,除了按照标准规定设置相应的线型外,还可以给不同的对象设置不同的颜色。正确地对计算机绘图的对象设置特征,可以方便地对所绘制的对象进行编辑和修改,提高工作效率。

4.2.1　图层的概念

对于初学者来说,图层是一个比较抽象的概念。在一般手工绘图中,只有一张图纸,因而就没有图层的概念或认为只有一层。但在使用 AutoCAD 软件进行计算机绘图时,为了便于对绘图对象特征的编辑、修改和管理,在软件中设计了图层的功能,以实现对象特征的分层管理。所谓图层,是把一张图纸分成若干层。每个图层就相当于一张没有厚度的透明纸,每个图层具有相同的坐标系。图形中的所有图层重叠在一起就构成一张完整的图纸。例如,在画图时,要使用粗实线、细实线和点画线等,绘图时可将不同的线型放在不同的图层上,然后设置每一层的线型、颜色及线宽。画哪一种图线,就把那一层设为当前层。例如,画点画线时,就将点画线层作为当前层,这时无论画直线还是画圆都是点画线。对某个图层的图形对象进行编辑和修改,如修改线型和线宽,不会影响其他层。另外,为了便于绘图的显示,还可以任意打开或关闭、冻结或解冻以及锁定或解锁某些图层,以方便地看某一层或某几层。

4.2.2　图层的特性

图层具有下列特性:

①层名。每一个图层对应一个层名(Layer names),系统默认设置的图层为 0(零)层。0层的设置可以更改,但不能被删除。其他图层由用户根据绘图需要进行创建和命名,一般可以采用与图中内容相应的描述名字,如"点画线""粗实线"等,图层的数量不受限制。

②当前绘图使用的图层称为当前层。当前层可以按绘图需要,在所设置的图层中进行切换。

③每一层对应一种线型和颜色,系统默认的线型为 continuous(连续线),默认的颜色为白色。但每层的线型和颜色可以按绘图需要进行设置和修改。

4.2.3　设置图层

用设置图层的命令可以创建新图层并能设置图层所需要的线型、颜色和线宽,还可以用来管理图层,即可以改变已有图层的线型、颜色、线宽、开关状态、控制显示图层、删除图层及设置当前层等。

【命令】

工具栏:"图层"工具栏中的"图层特性管理器"图标按钮

命令行:**LAYER**

下拉菜单:"格式"→"图层"

在启动命令后,AutoCAD 将弹出"图层特性管理器"对话框,如图 4-27 所示。对话框中间的图层列表中列出了图层名及图层的特性。

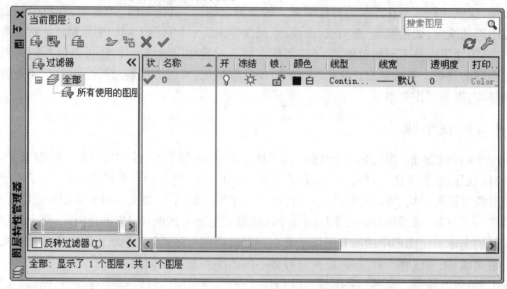

图 4-27 "图层特性管理器"对话框

该对话框中右边的各选项功能如下:

①"新建"按钮 :单击对话框中的"新建"按钮 ,可创建一个新的图层。新图层的默认名为"图层 n",绘图者可以立即修改新建的缺省图层的名称。

②"删除"按钮 :用于删除选定的图层。

③"当前"按钮 :用于将所选图层设置为当前图层。

(1)图层特性的设置

新建图层后,可以按设计绘图的需要对图层的特性进行设置。在"图层特性管理器"对话框中,各标题的含义及设置方法如下:

● "状态":是指图层的状态,一个图层的状态只有两种:当前层和非当前层。在所有的图层中,只能有一个图层处于当前层的状态。在选择图层后,单击当前层按钮图标 ,就将该层设置为当前层。

● "名称":指各图层的名称,为便于识别和区分,最好直接用便于识别的名称,如"粗实线""细实线""点画线"等进行图层的命名。

● "开":用黄色的灯泡图标表示图层的"打开/关闭"状态,单击此图标可以在"打开/关闭"之间进行切换,它们代表的是图层的状态。所谓"打开",是将图层上的图像显示在屏幕上,并且可以输出;"关闭"则相反。

● "冻结":用"太阳/雪花"图标表示图层的"解冻/冻结"状态,单击此图标可以在两个状态之间进行切换。冻结层在屏幕上不显示,并且当计算机重新生成图形时,它对冻结层不作处理,因此,在复杂图形中,将不必要的层冻结起来可以改善 AutoCAD 生成图形的速度;解冻则相反。

● "锁定":用锁形图标表示图形的"加锁/解锁"状态。被加上锁的图层内容可以看见和输出,但不可以修改,即加了锁的图形是只读的图形。

● "颜色":用一色块图标显示图层的颜色。单击该色块图标,将弹出如图 4-28 所示的"选择颜色"对话框,绘图者可以选择设置图层的颜色。

图 4-28　"选择颜色"对话框

● "线型":为某层指定图线类型。这种线型将用于画该层上的全部直线、弧线、圆和二维多义线。如果不做新的设置,新建层上的默认线型为 continuous(连续线)。

如果要设置图层的线型,可单击"图层特性管理器"对话框中该图层的"线型",将弹出"选择线型"对话框,如图 4-29 所示。在"选择线型"对话框的列表中单击所需的已加载的线型;如果要使用新的线型,则单击"加载(L)"按钮,打开如图 4-30 所示的"加载或重载线型"对话框,从中选出所需的线型。

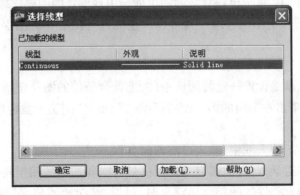

图 4-29　"选择线型"对话框

在 AutoCAD 提供的线型文件 acadiso. lin 中,有 3 类线型:ACAD_ISO 线型、JIS 线型和组合

线型。在机械产品设计绘图中,应按照国家标准《机械制图 图样画法 图线》(GB/T 4457.4—2002)的规定选择线型。绘制工程图时,常用的线型如下:

◆ 粗实线:Continuous。

◆ 细实线:Continuous。

◆ 点画线:CENTER。

◆ 虚线:HIDDEN。

◆ 双点画线:PHANTOM。

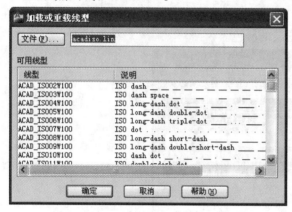 

图 4-30 "加载或重载线型"对话框   图 4-31 "线宽"对话框

● "线宽":是所绘制的线型的宽度,单位为 mm,各种线型线宽的比例应符合国家标准的要求。如要设置或改变线宽,单击线宽图标,会弹出如图 4-31 所示的"线宽"对话框。在"线宽"对话框中,可选择所需的线宽。按国家标准 GB/T 4457.4—2002 规定,线宽系列应采用0.25,0.35,0.50,0.7,1.0,1.4,2.0。其中,优先采用线宽为 0.5 或 0.7,细实线、点画线、虚线、波浪线的线宽为粗实线宽度的 1/2。

● "打印样式":是指显示图层的打印样式。

● "打印":表示该图层是否被打印。打印机图标表示被打印,单击打印机图标,可在被打印和不被打印之间切换。

(2)图层的管理

在设计绘图的过程中,对于比较复杂的图可能会出现设置的图层比较多的情况,在这种情况下,采用 AutoCAD 提供的图层管理工具可以快速地选择图层和对图层进行设置和修改,提高工作效率。

1)新特性过滤器

所谓特性过滤器,就是设置一定的筛选条件,把符合条件的图层全部选出来。在"图层特性管理器"对话框中,单击左上角的第一个图标 ,会出现"图层过滤特性"对话框,如图 4-32所示。

● 在"过滤器名称"输入框中,输入过滤器的名称。

● "过滤器定义"对话框:过滤器定义对话框是对需要选出的图层特性进行定义,以便选出当前所有图层中,符合条件的图层。在定义时,可以对"过滤器定义"对话框中显示的图层特性进行设置。

在如图 4-32 所示的情况下,选出其中名称中包含"1"字的图层。在过滤器定义对话框中,

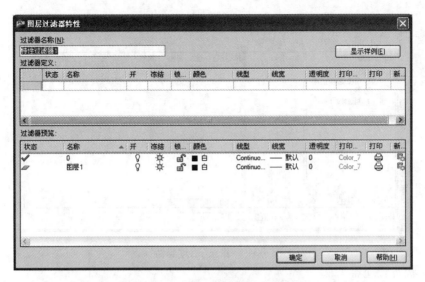

图 4-32 "图层过滤器特性"对话框

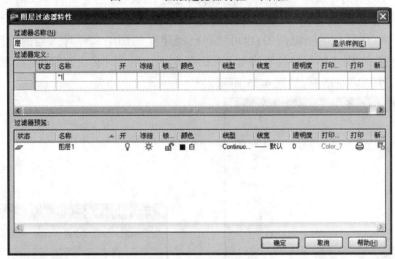

图 4-33 过滤出来的图层

用鼠标单击名称栏,会出现一个"＊"号。这个"＊"是通配符,在通配符"＊"后面,输入"1",就可以把当前绘图设置的图层中,所有图层名称包含"1"字的图层过滤出来,如图 4-33 所示。在过滤后,可以对其中的图层特性进行更改。关闭对话框后,在左边的树形目录上,会出现刚才定义的特性过滤器。

2)新组过滤器

新组过滤器与新特性过滤器的不同之处在于:新特性过滤器是以某种特性作为筛选过滤的依据,而新组过滤器则没有这种限制,完全可以按绘图者的要求建立一个过滤组。

在单击"图层特性管理器"左上方第二个图标 后,在树状目录中,会建立一个"组过滤器",如图 4-34 所示。

在建立"组过滤器"后,单击树形目录中的"所有使用的图层",右边的显示框会出现所有使用的图层,然后用鼠标将所选图层拖入建立的"组过滤器"即可。

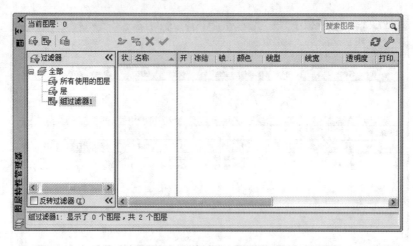

图 4-34　建立"组过滤器"

3）图层状态管理器

在设计绘图过程中,如果每次绘图都要对图层进行设置,也是一件麻烦的事。AutoCAD提供的"图层状态管理器"就可以很好地解决这个问题。它可以将设置好的图层特性作为一个文件保存下来,供其他的图纸使用;也可以将已经建立的图层文件导入当前绘图,作为当前绘图的图层设置。单击"图层特性管理器"对话框左上方的"图层状态管理器"图标 ,会出现"图层状态管理器"对话框,如图 4-35 所示。

图 4-35　"图层状态管理器"对话框

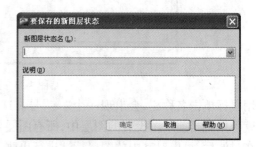

图 4-36　"要保存的新图层状态"对话框

单击"新建"按钮,在弹出的"要保存的新图层状态"对话框中,输入要建立的图层文件名称,如图 4-36 所示。完成后,单击"输出"按钮,会出现"输出图层状态"对话框,选择一个合适路径和文件夹即可将该图层文件保存下来。

把已经建立的图层文件导入新的绘图文件中的操作与此类似。单击"输入"按钮,在出现的"输入图层状态"对话框中,选择所需的图层文件,并打开即可。

4.2.4　用"对象特征"工具栏设置图层

在 AutoCAD 中,提供了"图层"工具栏和"对象特征"工具栏。

(1)"图层"工具栏

"图层"工具栏如图4-37所示。在图层工具栏中,反映了当前图层的状态,还可以进行设置操作。

图4-37 "图层"工具栏

"图层"工具栏各部分的功能如下:

①"图层特性管理器":单击该图标,将打开前面已介绍过的"图层特性管理器"对话框。

②"图层控制"下拉列表框:用于显示和修改当前图层的状态。单击右边的下拉符号,将出现显示所有图层状态的下拉列表,通过对其中各种图层状态图标的操作,可以改变图层的状态,也可以将选定的图层设置为当前图层。

③"将对象图层设置为当前":单击该图标,将选定的对象图层设置为当前图层。在操作时,其前提是所绘制的图形已设置了多个图层,并在多个图层上均绘制有图形对象,当要将某图层设置为当前时,用鼠标点选该图层上的图形对象,然后单击该图标,即可把该图层设置为当前图层。

④"上一个图层":单击该图标,即将当前图层设置的前一个图层恢复为当前图层。

(2)"对象特性"工具栏

"对象特性"工具栏如图4-38所示。

①"颜色控制"下拉列表框:用于显示和修改当前颜色,单击右边的下三角按钮▼,弹出的下拉列表中列出了"随层(ByLayer)""随块(ByBlock)"和7种标准颜色。"随层"表示图形对象使用所在层的颜色;"随块"表示定义到图块中的图形对象在插入当前图形中时,仍保持在块中的颜色设置。如果选择"选择颜色"选项,则会打开如图4-28所示的"选择颜色"对话框,绘图者可以修改和重新设置颜色。

注意:在改变颜色后,并不会改变所在层原来设置的颜色,也不会改变在该层上已经绘制的图形对象的颜色。但改变后,在该层上再画图形对象时,将按改变后的颜色显示。

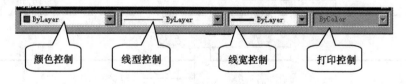

图4-38 "对象特性"工具栏

②"线型控制"下拉列表框:用于显示和修改当前颜色,单击右边的下三角按钮▼,弹出的下拉列表中列出了"随层(ByLayer)""随块(ByBlock)""当前已加载线型"和"其他"选项。"随层"和"随块"的意义同前,如选择"其他",会打开如图4-39所示的"线型管理器"对话框。绘图者可以在其中选择和设置线型。

在AutoCAD绘图中,使用虚线和点画线等非连续线型时,有时在屏幕显示上看起来与连续直线一样,看不出断开的空,这时可以用调整"线型比例因子"来调整点画线、虚线中间断开部分与线段之间的比例。其方法是:在"格式"下拉菜单中,选择"线型"选项,打开"线型管理器"对话框,单击"显示细节"按钮,如图 4-39 所示。

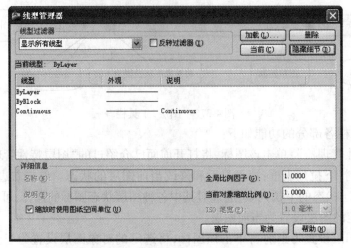

图 4-39 "线型管理器"对话框

在"线型管理器"对话框中,有"全局比例因子"和"当前对象缩放比例"设置输入框。"全局比例因子"用于控制图形文件中所有非连续线型的间隔与线段的长度,改变全局比例因子将会改变当前和以后所绘的非连续线型的比例。"全局比例因子"系统默认值为"1.000";"当前对象缩放比例"也是用于改变所绘制的非连续线型的间隔与线段的长度,但与"全局比例因子"不同之处在于:"当前对象缩放比例"只对设置后所绘制的非连续线型有效,不会改变以前的线型。增大"全局比例因子"或"当前对象缩放比例"的值,会增大虚线、点画线中间断开部分与线段的比例。如果比例太大或太小,则在显示和打印时看到的线型就像连续线型。因此,在屏幕显示不出虚线、点画线中间的断开处时,应根据具体绘图的情况进行分析,调整"全局比例因子"或"当前对象缩放比例"的值。也可以在需要修改线型比例的图线上用鼠标双击,在弹出的"特性"工具板中,对"线型比例"进行修改。

非连续线型图形对象的线型比例 = 全局比例因子 × 当前对象缩放比例

在采用 CENTER 线型,设置不同的线型比例时,显示的效果如图 4-40 所示。

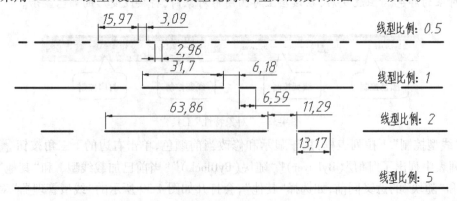

图 4-40 不同线型比例的 CENTER 线型

③"线宽控制"下拉列表框:用于显示和修改当前线宽。单击右边的三角按钮▣,弹出的下拉列表中列出了系统所有的线宽值,绘图者可以从中选定所需的线宽作为当前绘图线型的线宽。

④"打印样式控制"下拉列表框:用于显示和修改当前层的打印样式。在没有设置打印样式时,该列表框为灰色,不可使用。

在绘图过程中,如果要改变已绘制图形对象的特性(线型、颜色、线宽等),应先选中需要改变的图形对象,然后打开图层控制下拉列表框,选择所需要的层,即可将所选图形对象的特性改变为所选层的特性。

注意:在机械设计绘图过程中,虽然也可以用"对象特性"工具条的命令来修改所选择的图形对象的线型、线宽等特性,而不改变其所在的层。但这样做,会使同一图层上在进行设置前和设置后所画的图形对象具有不同的特性,给以后对图形的编辑和修改带来麻烦。因此,建议在绘图过程中,要坚持按层进行设置,并将不同特性的图形对象放置在不同的层上的基本绘图方法,以便于对同一图层图形对象的特性进行统一的编辑和修改。对初学者而言,这样有助于培养自己良好的计算机辅助绘图习惯。

4.3　绘图环境的设置与图形样板

4.3.1　绘图环境的设置

在用 AutoCAD 进行绘图之前,应该对绘图所使用的图幅尺寸、图层、线型、字体及尺寸标注样式等进行必要的设置,这种设置就称为绘图环境设置。下面以一个例子来说明如何运用前面所讲的知识,对绘图环境进行初步的设置。

【例 4-5】　绘图环境的初步设置。

设置一张 A3 图幅的图纸,并将图层设置为点画线(线宽 0.25 mm,红色)、粗实线(线宽 0.5 mm,黑色)、细实线(线宽 0.25 mm,黑色)、虚线(线宽 0.25 mm,蓝色)和剖面线(线宽 0.25 mm,黄色)。设置文字样式,画出图框和标题栏。

操作步骤:

①单击新建命令图标▢,按系统默认的文件名打开一张新图。

②设置图幅:从下拉菜单"格式"选择"图形界限"命令后,命令提示行提示:

命令:_limits

重新设置模型空间界限:

指定左下角点或［开(ON)/关(OFF)］<0.0000,0.0000>:↙　　//接受默认值;

指定右上角点 <420.0000,297.0000>:　　　　//注意屏幕显示,如果是 A3 的尺寸,接受
　　　　　　　　　　　　　　　　　　　　　　　默认值,如果不是,输入 420,297↙。

③设置图层:

a.单击"图层"工具栏中"图层"图标按钮▧,打开"图层特性管理器"对话框,如图 4-41

所示。

b. 单击该对话框中的"新建"按钮 🗐,在出现的新建栏中将"名称"列改为"点画线"。

c. 单击"点画线"层的颜色列,在弹出的"选择颜色"对话框中,选择颜色为"红色"。

d. 单击"点画线"层的线型列,在弹出的"选择线型"对话框中,单击"加载"按钮。在打开的"加载和重载线型"对话框中,选择线型"CENTER",单击"确定"按钮关闭对话框。然后在"选择线型"对话框中,选中"CENTER",单击"确定"按钮,完成"点画线"线型选择。

e. 单击"点画线"层的线宽列,在弹出的"线宽"对话框中,选择线宽为"0.25 mm",单击"确定"按钮,并关闭对话框。其他图层的设置方法是相同的,完成设置后的结果如图4-41所示。单击"确定"按钮,关闭"图层特性管理器"对话框。

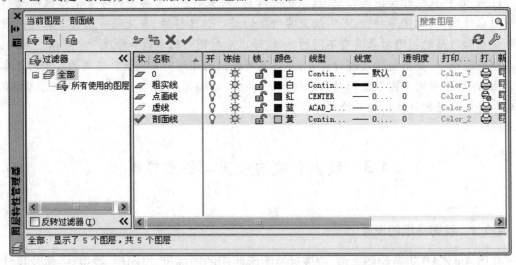

图4-41 设置的图层

④设置文字样式:图纸上的文字包括汉字、数字和字母,分别设置和统一设置均可。

推荐进行分别设置,下面以分别设置为例来说明:

选择下拉菜单"样式"→"文字样式"命令,打开"文字样式"对话框,单击"新建"按钮。在打开的"样式名"文本输入框中输入所取文字样式的名,如"式样1",并单击"确定"按钮。在"文字样式"对话框的字体下拉列表框中,选择"gbeitc. shx",选中"大字体"复选框。在"大字体"中,选中字体"gbcbig. shx ",设置"高度"为"5.0000","宽度因子"设置为"1.0000"。其设置效果如图4-42所示。设置完成后,单击"应用"按钮,保存并应用该样式。该样式用于汉字的输入。

再新建另一个样式"数字",用于数字和字母的注写。在"文字样式"对话框的字体下拉列表框中,选择"gbeitc. shx",设置"高度"为"5.0000","宽度因子"设置为"1.0000"。设置完成后,单击"应用"按钮,保存并应用该样式。

⑤画图框和标题栏。按国家标准要求,用直线命令绘制图框线,选择并绘制一个标题栏样式,如图4-43所示。

⑥保存图纸。用下拉菜单"文件"中的"另存为"命令,给图纸起一个文件名,将设置的图纸存盘。

图 4-42　设置标注字体

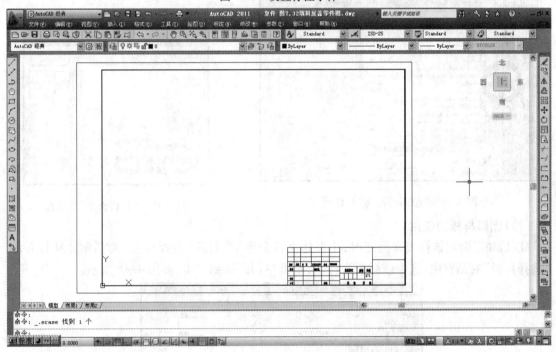

图 4-43　画图框、标题栏

4.3.2　图样样板

(1)什么是图形样板

在实际的机械设计绘图工作中,如果每次绘图都要设置绘图环境是很麻烦的。为了减少重复劳动,AutoCAD 提供了"图形样板"的功能。"图形样板"类似于印刷好的标准白图纸。例如,印刷的标准图纸图幅有大有小,上面印刷有图框、标题栏。但 AutoCAD 的图形样板比印刷好的标准图纸还方便,它可以对图幅、标题栏、图层、尺寸标注样式、文字样式等内容进行设置。以后在绘图时,利用这样的"图形样板"就不用再对绘图环境进行设置,可以提高工作效率,而且图纸也很规范。通常可根据国家制图标准的要求,按图幅大小,制作一套模板,供绘图时选用。

(2) 图形样板的制作与保存

"图形样板"的制作比较简单,这里仍然以前面的"例 4-5 绘图环境的初步设置"为例,说明"图形样板"的制作过程。

图形样板制作的设置过程与例 4-5 的过程是一样的,即要按照国家制图标准,对图幅、图层、字体样式,包括后面要介绍的"标注样式"等涉及绘图基本样式属性的内容进行设置,并绘制图框和标题栏。

设置完成后,在最后保存图形样板时,应将其存为"样板(∗.dwt)"格式。用"另存为"命令打开"图形另存为"对话框,在"文件类型"下拉列表框中,选择"AutoCAD 图形样板(∗.dwt)"格式,如图 4-44 所示。将文件存为"A3 图纸样板.dwt",单击"保存"按钮后,系统会打开的如图 4-45 所示的"样板选项"对话框。在对话框中,可以输入一些说明文字,也可不输。单击"确定"按钮,关闭"样板选项"对话框,即可建立一个 A3 的图纸样板。

 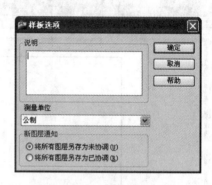

图 4-44 "图形另存为"对话框　　　　　图 4-45 "样板选项"对话框

(3) 图形样板的使用

以后如需要用该样板来画图时,用新建文件命令 ▢ 打开"选择样板"对话框。从打开的"选择样板"对话框中,选中该样板文件名,单击"打开"按钮即可,如图 4-46 所示。

图 4-46 "选择样板"对话框

上机练习与指导(四)

1. 图纸与图层设置练习

按 A3 图幅的要求设图限,建图层,画图框和标题栏,如图 4-47 所示。

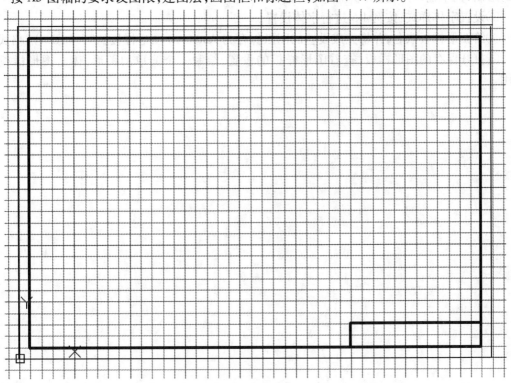

图 4-47 图框

要求:

①建图层,设线型、线宽及颜色。

②画图框和标题栏(120 mm ×21 mm)。

③完成后,给图形文件取一个名称并存盘。

注:对 A3 图幅,采用不留装订边格式时,其边框与图框线的距离为 10 mm。

作业指导:

①用"图形单位"对话框确定绘图单位(建议使用缺省值)。

②用"LIMITS"(图限)命令选 A3 图幅(长 420 mm,宽 297 mm)。

③打开正交、栅格及栅格捕捉。

④建图层,设线型、线宽及颜色。

粗实线	白色(或黑色)	实线(CONTINUOUS)	0.7 mm
细实线	白色(或黑色)	实线(CONTINUOUS)	0.35 mm
点画线	红色	点画线(CENTER)	0.35 mm
虚线	蓝色	虚线(HIDDENX2)	0.35 mm

尺寸　　　　白色(或黑色)　　　实线(CONTINUOUS)　　　0.35 mm

⑤用绘图工具栏的直线命令图标按钮 ▊ 绘制边框,在粗实线层上画图框线,在细实线层上画图幅线。

2. 制作图形样板

①以前面完成的图纸与图层设置练习为基础,将该文件打开,按图 3-64 的尺寸完成标题栏的绘制,但不输入图名、图号和材料的牌号。

②设置字体样式,按例 4-5 进行字体设置。

③给图形样板取名,并将完成设置的图纸保存为 AutoCAD 图形样板的"(* . dwt)"格式。

④打开保存的图形样板,查看图形样板的设置,绘制一个简单的图形,体会图形样板的使用。

第 **5** 章
二维图形的修改与编辑

AutoCAD 2011 不但提供了强大的绘图命令,还提供了方便的图形修改与编辑命令。通过绘图命令与图形修改、编辑命令的配合使用,可以大大提高绘图的效率,完成各种复杂图形的绘制。

如图 5-1 所示,在下拉菜单"修改"中,包括了所有的平面图形修改与编辑命令;修改工具栏则包括了主要的平面图形修改与编辑命令。

图 5-1   "修改"菜单和"修改"工具栏

熟悉和掌握 AutoCAD 提供的修改与编辑命令,与掌握 AutoCAD 的绘图命令同样重要,这是用 AutoCAD 软件进行机械工程图纸设计绘图的基础。灵活地运用 AutoCAD 的绘图、修改命令,在很多情况下可以收到事半功倍的效果。

大多数 AutoCAD 修改命令的执行可以采取以下两种方式:

①先输入修改命令,然后按提示选择修改对象进行操作。

②先选择修改对象,再输入修改命令,然后按命令提示进行操作。

在本章的讲解中,为了便于初学者学习并与前面章节格式保持一致,对修改命令的介绍主要按第一种方式进行。但在对有关修改命令的讲解中,为了便于比较,也同时介绍第二种修改命令的执行方式。

5.1　图形的删除与恢复

5.1.1　图形的删除

图形的删除命令相当于手工绘图的橡皮擦,将不需要的图形对象从绘图区删除。

【命令】

工具栏:"修改工具栏"中的"删除"命令图标按钮

命令行:**ERASE**(或 **E**)

下拉菜单:"修改"→"删除"

在命令输入后,命令提示行提示:

选择对象:　　//选择要删除的图形对象。

在图形选择后,单击鼠标右键或按"Enter"键,就完成对所选择图形对象的删除操作。

在进行图形对象的删除操作时,既可以采用前面介绍的先输入删除命令,然后选择删除对象的方法,也可以先选择准备要删除的图形对象,然后再单击"修改工具栏"的"删除"图标按钮,在单击删除命令图标按钮后,所选择的图形对象将被删除。

对删除命令,还可以用快捷菜单的方法:在选择了删除对象后,单击鼠标右键,会弹出快捷菜单,如图 5-2 所示。在快捷菜单中,选择"删除"命令即可。

还可以在选择了要删除的对象后,按键盘上的"Delete"键进行删除。

5.1.2　删除图形的恢复

在删除图形完成后,有时会发现在进行删除时,由于选择的误操作,将需要的图形也删除了。为了提高绘图的效率,AutoCAD 还提供了恢复被删除图形的命令,可以使已经删除的图形对象"失而复得"。

对删除图形对象的恢复有以下两种方法:

①恢复删除图形最简单的方法是使用标准工具栏的放弃功能按钮,即在删除操作完成后,单击放弃功能按钮,单击一次就恢复一次被删除操作删除的图形对象。

图 5-2　快捷菜单

②用输入命令的方式进行恢复。

【命令】

命令行:**OOPS**

该命令的功能是恢复前一次被删除的对象。

5.2　复制图形和镜像图形

5.2.1　复制图形

运用 AutoCAD 的图形复制功能,可以减少相同图形对象的重复绘制工作,提高绘图效率。

【命令】

工具栏:"修改工具栏"中的"复制"命令图标按钮

命令行:**COPY**(或 **CO**)

下拉菜单:"修改"→"复制"

在"复制"命令输入后,命令提示行提示:

命令:_copy

选择对象:　　　　//选择要复制的图形对象;

选择对象:✔　　　//可以选择多个对象,在选择完后,单击鼠标右键或按"Enter"键结束

　　　　　　　　　选择;

指定基点或［位移(D)］＜位移＞:　　　指定第二个点或 ＜使用第一个点作为位移＞:

　　　　　　　　　//选定图形对象的一个特征点作为复制后移动时,光标夹持复制图形的

　　　　　　　　　基准点;第二个点为复制对象放置的位置。

指定位移的第二点或 ＜用第一点作位移＞:或［退出(E)/放弃(U)］＜退出＞:

　　　　　　　　　//继续指定复制图形放置的位置。也可结束复制。

选项说明:

采用复制命令的效果如图 5-3 所示,在图的上半部是用单一复制,在图的下半部是多次复制。在 AutoCAD 中,如果没有选择退出,则是连续复制。

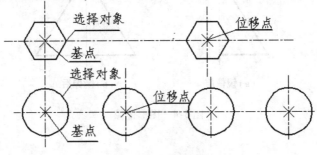

图 5-3　复制图形

同时,还可以利用标准工具栏的"复制 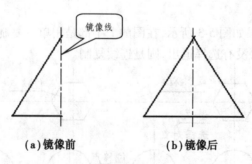 "与"粘贴 📋 "功能进行图形对象的复制。其操作方法是先选择复制对象,然后单击复制图标按钮 📋 ,然后再单击粘贴图标按钮 📋 ,将复制的图形对象拖放到希望放置的位置。

注意:用修改工具栏的复制命令 ⅋ 复制的图形对象只能放在当前图形文件内;而用标准工具栏的复制功能 📋 复制的图形对象,既可以粘贴在当前图形文件上,还可以粘贴到其他图形文件上,这对利用已有的设计图纸资源并减少重复绘图是很有帮助的。

5.2.2 镜像图形

在机械设计绘图中,很多图形是完全对称的。对这样的零件,可以采用 AutoCAD 提供的镜像图形功能,按对称的原理,只需画一半图形,而另一半用镜像的方法来绘制,可以提高绘图效率。

【命令】

工具栏:"修改工具栏"中的"镜像"命令图标按钮 ⚖

命令行:**MIRROR**(或 **MI**)

下拉菜单:"修改"→"镜像"

在"镜像"命令输入后,命令提示行提示:

命令:_mirror

选择对象: //选择要进行镜像的图形对象;

选择对象: //选择完成后,按"Enter"键或鼠标右键结束选择;

指定镜像线的第一点: //指定镜像线的第一点;

指定镜像线的第二点: //指定镜像线的第二点;

是否删除源对象? [是(Y)/否(N)] <N>: //选择在镜像完成后,是否删除源对象,默认设置是保留镜像的源对象。

镜像效果如图 5-4 所示。

镜像线

(a) 镜像前   (b) 镜像后

图 5-4 图形镜像

5.3 图形的阵列与偏移

5.3.1 图形阵列

在机械产品设计绘图中,有很多均匀分布的结构。这种均匀分布的结构通常有两种基本的分布形式,即环形分布和矩形分布。例如,圆形连接法兰盘上面通常会有环形均匀分布的孔。对这种均匀分布的结构,如每一处都单独画,将很费时间,而 AutoCAD 的图形阵列功能则可让绘图者轻松地绘制出这种具有环形或矩形均匀分布特征的结构。

【命令】

工具栏:"修改工具栏"中的"阵列"图标按钮 ▥

命令行:**ARRAY**(或 **AR**)

下拉菜单:"修改"→"阵列"

在命令输入后,将出现如图 5-5 所示的"阵列"对话框。下面对"阵列"对话框的内容与设定进行介绍。

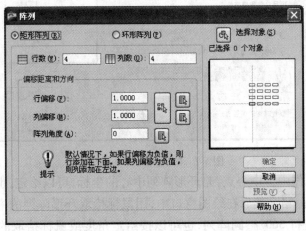

图 5-5 "阵列"对话框

①"矩形阵列":用于矩形阵列时选用,通过输入需要阵列的行数、列数以及阵列时相对于基本图形的行偏移量和列偏移量,就可实现阵列。对行偏移量、列偏移量还可以用鼠标点取给定。

"阵列角度":是指阵列时是否偏转角度。

在进行阵列绘图操作时,要先画出一个需要阵列的图形,然后单击"阵列"命令图标按钮 ▥。在弹出的"阵列"对话框中,选定阵列的形式,设定阵列的行数、列数及行偏移、列偏移和阵列角度后,用鼠标左键点击"选择对象(S)"按钮 ▧,选择要进行阵列的对象。按"Enter"键结束选择,并返回到"阵列"对话框,单击"预览"按钮即可进行预览。单击"确定"按钮,将完成阵列。

矩形阵列的效果如图 5-6 所示。

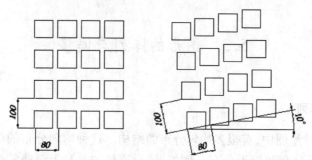

行间距100，列间距80，阵列角度为0°。　　行间距100，列间距80，阵列角度为10°。

（a）　　　　　　　　　　　　　　　（b）

图 5-6　矩形阵列

②"环形阵列"：用于环形阵列时选用，环形阵列对话框如图 5-7 所示。在对话框中可以设置阵列中心、数目和角度。

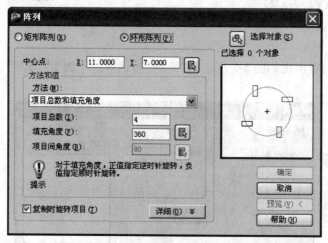

图 5-7　"环形阵列"对话框

在环形阵列的操作中，"中心点"是环形阵列中心的坐标，可以给定，也可以用鼠标单击右边的"鼠标点选"按钮 ![图标]。然后在绘图窗口中，用鼠标拾取环形阵列的中心点。环形阵列既可以按"填充角度"进行 360°整圆阵列，也可以按给定角度或鼠标拾取的填充角度进行阵列环形。

环形阵列的效果如图 5-8 所示。

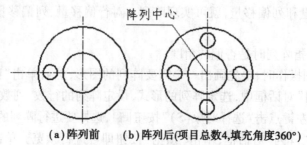

（a）阵列前　　（b）阵列后(项目总数4,填充角度360°)

图 5-8　环形阵列

【例 5-1】　用阵列的方法,绘制如图 5-9 所示的分布孔。

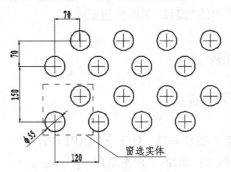

图 5-9　矩形阵列

作图步骤:

①绘制圆的命令 ◎,按给定的圆直径,画出左下角第一个圆。

②再用绘制圆的命令 ◎,画第二个圆,在命令输入后,命令提示栏提示:

_circle 指定圆的圆心或 [三点(3P)/两点(2P)/相切、相切、半径(T)]:@ **70,70** ✓

　　　　　　　　　　　　　　　　　　　　//用相对坐标,给定第二个圆的

　　　　　　　　　　　　　　　　　　　　　　圆心;

指定圆的半径或 [直径(D)] <27.1752>:　　**d** ✓　　//选择用给定直径画圆;

指定圆的直径 <54.3504>:　　**55** ✓　　　　//输入圆的直径。

③用阵列命令 ▦ 进行阵列,在弹出的"阵列"对话框中,按给定尺寸进行阵列设置,其设置如图 5-10 所示。然后用窗口框选的方法,选定阵列的图形对象。如果要观察阵列的效果,可以选择预览。最后单击"确定"按钮,完成图形的绘制。

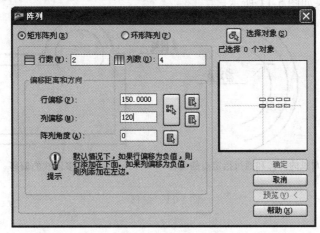

图 5-10　"矩形阵列"对话框

5.3.2　偏移图形

偏移图形命令用于绘制与指定图形对象的等距线,如果指定的对象是直线,则偏移后,就是平行线;若是圆弧,偏移后则是同心圆弧线,且圆心角相等。

【命令】

工具栏:"修改工具栏"中的"偏移"图标按钮

命令行:**OFFSET**

下拉菜单:"修改"→"偏移"

在命令输入后,命令提示栏提示:

命令:_offset

当前设置:删除源=否 图层=源 OFFSETGAPTYPE=0

指定偏移距离或[通过(T)/删除(E)/图层(L)]<通过>:

　　　　　　　　　　　　　　　　　　//给定偏移距离,默认是通过
　　　　　　　　　　　　　　　　　　鼠标给定的点;

选择要偏移的对象,或[退出(E)/放弃(U)]<退出>: //选择要偏移的对象;

指定通过点或[退出(E)/多个(M)/放弃(U)]<退出>: //用鼠标给定通过的点。

选项说明:

"通过(T)":是在偏移线要通过给定点时,选择该选项。

"多个(M)":当需要多次偏移对象时,选择此选项,可以实现多次连续偏移对象。

注意:对封闭的图形对象进行偏移时,该对象必须是一个整体,要用多段线 、多边形 、矩形 或圆 等命令绘制才可以进行偏移,而用直线、圆弧等绘图命令绘制的封闭图形不是一个图形对象。偏移命令在执行时,命令提示行出现"选择要偏移的对象或<退出>",只能选择一个对象,因此不能偏移出一个完整的封闭图形。

偏移命令的效果如图5-11所示。

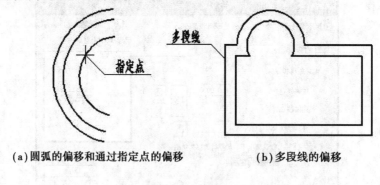

(a)圆弧的偏移和通过指定点的偏移　　　　　　(b)多段线的偏移

图5-11 偏移

5.4 图形的移动与旋转

5.4.1 图形的移动

在绘图的过程中,经常会出现由于对一些图形对象位置控制不好,而需要进行移动的操作。例如,在注写文字时,就经常出现文字与指引线之间的距离过大或过小的问题。AutoCAD 提供的图形移动命令可以很方便地实现图形对象的移动和对位置进行调整。

【命令】

工具栏:"修改工具栏"中的"移动"图标按钮 ➕

命令行:**MOVE**(或 **M**)

下拉菜单:"修改"→"移动"

在命令输入后,命令提示行提示:

命令:_move

选择对象: //选择移动对象;

选择对象: //继续选择移动对象,如要结束对象选择, 按"Enter"键,或鼠标右键;

指定基点或位移: //给定图形移动的基点,基点是移动时光标 的夹持点;

指定位移的第二点或 <用第一点作位移>: //用鼠标将图形拖动到所需的位置。

图形移动时的效果如图 5-12 所示。

图 5-12 图形的移动

在选择对象较多时,可以运用窗选或窗交选择的方式,选择多个对象。

5.4.2 图形的旋转

用图形旋转命令可以实现对选定的图形对象绕选定的基点进行转动。

【命令】

工具栏:"修改工具栏"中的"旋转"图标按钮 ↻

命令行:**ROTATE**(或 **RO**)

下拉菜单:"修改"→"旋转"

在命令输入后,命令提示行提示:

命令:_rotate

选择对象: //选择旋转对象;

选择对象: //继续选择旋转对象,如要结束对象选择,按"Enter"键或 鼠标右键;

指定基点或位移: //给定图形旋转的基点;

指定旋转角度或 ［参照(R)］：　　　//指定旋转的角度,逆时针为正,也可以用鼠标拖曳图形
　　　　　　　　　　　　　　　　　　旋转到合适的位置。

旋转的效果如图 5-13 所示。

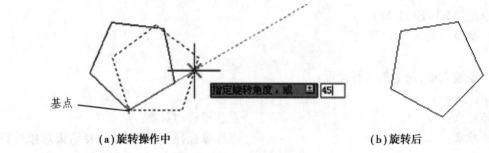

(a)旋转操作中　　　　　　　　　　　　　　　　　　**(b)旋转后**

图 5-13　图形旋转

选项说明:

"参照(R)":是以选定的参照来进行旋转,主要用于不能确定旋转角度的情况。

如图 5-14 所示,需要将矩形的边旋转到与三角形的斜边重合的位置。这种操作就可以选择选项"参照(R)"来完成。

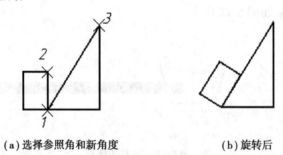

(a)选择参照角和新角度　　　　　　　　　　　**(b)旋转后**

图 5-14　设置参照角旋转

输入旋转命令后,选择矩形为旋转对象,选择 1 点作为基点。

在选择"参照(R)"后,命令提示行提示:

指定参考角 ＜0＞：　　　　　　　　　//输入参考角方向,对本例,通过指定 1,2 两点来指定
　　　　　　　　　　　　　　　　　　该角;

指定新角度：　　　　　　　　　　　//输入参考方向旋转后的新角度,对本例,通过指定 3 点来
　　　　　　　　　　　　　　　　　　确定该角度。

5.5　图形的缩放与拉伸

5.5.1　图形的缩放

图形的缩放功能可以将选定的图形对象按给定的比例进行放大和缩小,当比例值大于 1 时,是放大图形;当比例值小于 1 时,是缩小图形;比例值不能是负值。

【命令】

工具栏:"修改工具栏"中的"缩放"图标按钮 ▣

命令行:**SCALE**

下拉菜单:"修改"→"缩放"

在命令输入后,命令提示行提示:

命令:_scale

选择对象: //选择对象;

选择对象: //继续选择对象,如要结束对象选择,按"Enter"键或鼠标右键;

指定基点: //给定图形缩放的基点;

指定比例因子或［参照(R)］:   //输入缩放的比例因子值。

缩放的效果如图 5-15 所示。

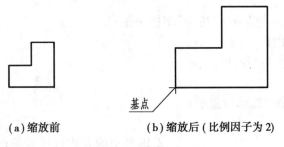

(a) 缩放前   (b) 缩放后 (比例因子为 2)

图 5-15　图形缩放

选项说明:

"参照(R)":在需要将原图的任意一个尺寸缩放到所需尺寸时,就可以采用"参照"的方式进行缩放,而不需要计算比例值。在实际的图纸设计中,设计类似零件或系列零件时,此方法是非常有用的一种。在采用这种方式进行图纸的修改时,通常是采用一个主要的结构尺寸为参照尺寸进行缩放。

以如图 5-16 所示的齿轮为例,用 $\phi 90$ 的孔为参照,将其缩小到 $\phi 65$,操作过程如下:

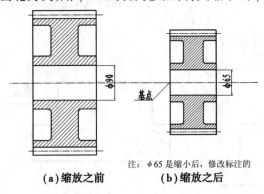

注:$\phi 65$ 是缩小后,修改标注的

(a) 缩放之前   (b) 缩放之后

图 5-16　参照方式缩放

输入缩放命令 ▣ 后,命令提示行提示:

命令：_scale

选择对象： //用框选的方法选择整个齿轮为对象；

选择对象：✓ //结束对象选择，按"Enter"键，或鼠标右键；

指定基点： //用鼠标给定图形缩放的基点，这里选择孔的轴线与端面的交点；

指定比例因子或［参照(R)］：**R**✓ //选择参照方式；

指定参照长度 ＜1＞：**90**✓ //给定原图形实体的一个尺寸；

指定新长度：**65**✓ //给定缩放后该尺寸的大小。

5.5.2 图形的拉伸

图形的拉伸用于对图形的局部进行放大或压缩到给定的位置。

要注意的是在执行拉伸的过程中，在选择拉伸对象时，必须用"窗交(C)"的方式来选择准备拉伸的图形对象，如果直接采取"窗口(W)"来选择对象，则只能实现所选中图形对象的平面移动。

【命令】

工具栏："修改工具栏"中的"拉伸"图标按钮 🔲

命令行：**STRETCH**

下拉菜单："修改"→"拉伸"

在命令输入后，命令提示行提示：

命令：_stretch

选择对象：**C**✓ //以窗交的方式选择对象；或直接用鼠标从右向左框选；

指定第一个角点： //给定第一角点；

指定对角点： //给定对角点；

选择对象：✓ //结束对象选择，按"Enter"键，或鼠标右键；

指定基点或位移： //选择基点；

指定位移的第二个点或 ＜用第一个点作位移＞：

//给定拉伸或压缩的第2点，或用鼠标导向直接给定。

拉伸的效果如图5-17所示。

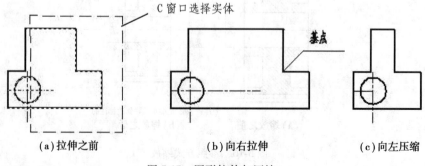

(a)拉伸之前   (b)向右拉伸   (c)向左压缩

图 5-17 　图形拉伸与压缩

5.6　图形的修剪与延伸

5.6.1　图形的修剪

图形的修剪功能是以选定的图形对象为边界,将选定的、超出该图形对象的图形对象修剪到该边界。在图形的修改中,它是一个常用的命令。

【命令】

工具栏:"修改工具栏"中的"修剪"图标按钮 ⁻/⁻

命令行:**TRIM**

下拉菜单:"修改"→"修剪"

在命令输入后,命令提示行提示:

命令:_trim

当前设置:投影＝UCS,边＝无　　//信息行;

选择剪切边　　　　　　　　//选择作为修剪边界的图形对象,可连续选择;

选择剪切边　　　　　　　　//按"Enter"键,或鼠标右键结束选择;

选择要修剪的对象,或按住 Shift 键选择要延伸的对象,或

［栏选(F)/窗交(C)/投影(P)/边(E)/删除(R)/放弃(U)］:

　　　　　　　　　　　　//用鼠标选择要修剪的对象,可连续选择。

用修剪命令的效果如图 5-18 所示。

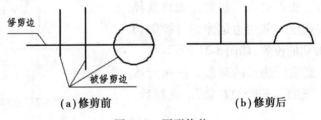

(a)修剪前　　　　　　　　**(b)修剪后**

图 5-18　图形修剪

选项说明:

①"或按住 Shift 键选择要延伸的对象":该功能是用于延伸选择的图形对象到已经选定的修剪边,实际上是图形延伸的功能,如图 5-19 所示。

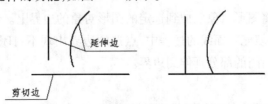

图 5-19　图形延伸

②"栏选(F)":用一条折线来选择多个修剪对象,在选择该选项后,系统会进一步提示:

指定第一个栏选点: // 鼠标选定第一个栏选点;

指定下一个栏选点或[放弃(U)]: // 鼠标选定第二个栏选点;

指定下一个栏选点或[放弃(U)]: // 鼠标选定第三个栏选点。

栏选修剪的示意图如图 5-20 所示。

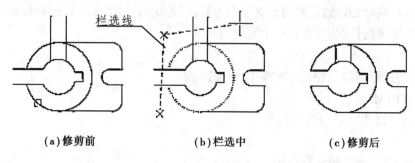

(a)修剪前 (b)栏选中 (c)修剪后

图 5-20 栏选修剪

③"窗交(C)":用窗交的方式对修剪对象进行选择。在选择后,系统会提示:

指定第一个角点:指定对角点: // 用鼠标进行窗交选择。

④"投影(P)":用于三维空间修剪时选择投影模式。

⑤"边(E)":选择边的剪切模式,选择该选项,系统会进一步提示:

输入隐含边延伸模式[延伸(E)/不延伸(N)]<不延伸>:

在被剪切对象与剪切边不相交的情况下,如果选择"不延伸"的方式,将不会产生修剪。如果选择"延伸"方式,则会按选定的剪切边延伸到与被剪切对象的交点处作为剪切的位置,如图 5-21 所示。

⑥"删除(R)":删除所选择的对象。在执行该选项时,系统会提示"选择要删除的对象"。选择后,该对象就被删除。

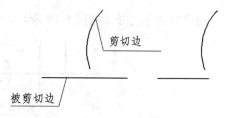

图 5-21 剪切边模式

⑦"放弃(U)":放弃最后一次的修剪操作。

5.6.2 图形延伸

图形延伸功能用于将图形对象延伸到选定的图形对象的边界上。在图形编辑中是一个常用的功能,特别是在图形填充剖面线的过程中,点选的边界出现不封闭问题时,用图形延伸功能可以方便准确地将未封闭的部分延伸到边界。

【命令】

工具栏:"修改工具栏"中的"延伸"图标按钮 —/

命令行:**EXTEND**

下拉菜单:"修改"→"延伸"

在命令输入后,命令提示行提示:
命令:_extend
当前设置:投影＝UCS,边＝延伸
选择边界的边...
选择对象: //选择延伸的图形边界;
选择对象: //可连续选择延伸的图形边界,按"Enter"键,或鼠标右键
                        结束选择;
选择要延伸的对象,或按住 Shift 键选择要修剪的对象,或[投影(P)/边(E)/放弃(U)]:
                      //选择要延伸的图形对象;
选择要延伸的对象,或按住 Shift 键选择要修剪的对象,或[投影(P)/边(E)/放弃(U)]:
                      //可连续选择要延伸的图形对象,按"Enter"键,或鼠标右
                        键结束选择。

延伸的效果如图 5-22 所示。

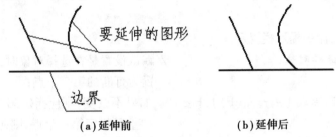

(a)延伸前   (b)延伸后

图 5-22　图形延伸

延伸命令选项的含义与修剪命令的含义类似。

5.7　图形打断

在图形的编辑中,有时需要将一个完整的图形对象在所需的位置断开,AutoCAD 提供了两个命令来处理这种情况,即在指定点断开和在指定的一段距离上断开。

5.7.1　在指定点断开

【命令】
工具栏:"修改工具栏"中的"打断于点"图标按钮 ⌐
命令行:**BREAK**
下拉菜单:"修改"→"打断"

命令:_break
选择对象: //选择对象;
指定第一个打断点: //指定第一个打断点。

打断于点的效果如图 5-23 所示。

(a) 打断前　　　　　　　　(b) 打断后

图 5-23　打断于点

注意: 为了表现打断前后的情况, 用选择对象的方式表明了在打断前, 整条直线是一个对象; 而打断后, 在打断点处, 直线被分为两个对象。

5.7.2　打断

打断命令是将图形对象的一部分打断。

【命令】

工具栏: "修改工具栏"中的"打断"图标按钮 ▢

命令行: **BREAK**

下拉菜单: "修改"→"打断"

在输入命令后, 命令提示栏提示:

命令: _break 选择对象:　　　　　　　　　//默认设置是在选择对象时, 光标所选取的位置为打断的第一个点;

指定第二个打断点或 [第一点(F)]: **F** ↙　//如果不改变, 则应指定第二个打断点; 如果要重新指定第一个点, 则应选择输入"F";

指定第一个打断点:　　　　　　　　　　//指定第一个打断点;

指定第二个打断点:　　　　　　　　　　//指定第二个打断点。

当第二个打断点指定在图形对象之外时, 在 1, 2 断点之间并超出第一个打断点部分的图形对象将被切掉。对圆进行打断操作时, 是从第一个断点按逆时针方向到第二个断点的部分被切掉。打断的效果如图 5-24 所示。

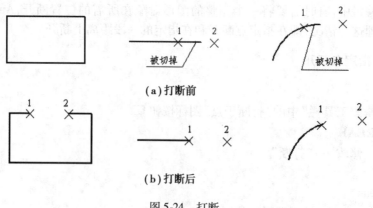

(a) 打断前

(b) 打断后

图 5-24　打断

5.8　合　并

合并是将相似的对象合并为一个对象。用户可以合并：圆弧、椭圆弧、直线、多段线和样条曲线。但在具体操作时，不同的对象有不同的限制条件，在操作时要注意提示栏的提示。

将相似的对象与之合并的对象称为源对象。要合并的对象必须位于相同的平面上。

【命令】

工具栏："修改工具栏"中的"合并"图标按钮

命令行：**JOIN**

下拉菜单："修改"→"合并"

在命令输入后，命令提示栏提示：

命令：_join 选择源对象：

这时，根据绘图的需要选择源对象，可以选择一条直线、多段线、圆弧、椭圆弧、样条曲线或螺旋。

根据选定的源对象的性质，显示以下提示之一：

(1) 直线

选择要合并到源的直线：　　　　　　　　　　//选择一条或多条直线并按"Enter"键。

注意：直线对象必须共线(位于同一无限长的直线上)，但是它们之间可以有间隙，如图 5-25 所示。合并后，两条直线成为一个对象。

(a) 合并前　　　　　　　　　　　　　　　(b) 合并后

图 5-25　直线对象的合并

(2) 多段线

选择要合并到源的对象：　　　　　　　　　　//选择一个或多个对象并按"Enter"键。

注意：对象可以是直线、多段线或圆弧。对象之间不能有间隙，并且必须位于与 UCS 的 XY 平面平行的同一平面上。

(3) 圆弧

选择圆弧，以合并到源或进行 [闭合(L)]：//选择一个或多个圆弧并按"Enter"键，或输入"L"。

注意：圆弧对象必须位于同一假想的圆上，但是它们之间可以有间隙。"闭合"选项可将源圆弧转换成圆。合并两条或多条圆弧时，将从源对象开始按逆时针方向合并圆弧。

（4）椭圆弧

选择椭圆弧,以合并到源或进行［闭合(L)］:   //选择一个或多个椭圆弧并按
                                                  "Enter"键,或输入"L"。

注意:椭圆弧必须位于同一椭圆上,但是它们之间可以有间隙。"闭合"选项可将源椭圆弧闭合成完整的椭圆。合并两条或多条椭圆弧时,将从源对象开始按逆时针方向合并椭圆弧。

5.9 圆角和倒角

在机械设计绘图中,圆角和倒角是零件结构设计中常用的结构。为此,AutoCAD 提供了两个修改命令来处理这类问题,使这类结构的设计绘图非常方便。

5.9.1 圆角

用于在直线、圆弧或圆之间以指定半径作圆角。
【命令】
工具栏:"修改工具栏"中的"圆角"图标按钮 ▨
命令行:**FILLET**(或 **F**)
下拉菜单:"修改"→"圆角"

在输入命令后,命令提示栏提示:
命令: _fillet
当前设置: 模式 = 修剪,半径 = 0.0000   //默认为修剪模式,圆角半径为0;
选择第一个对象或［放弃(U)/多段线(P)/半径(R)/修剪(T)/多个(M)］:**R** ↙
                                      //选择给定倒圆角半径;
指定圆角半径 <0.0000>:   //给定倒圆角半径;
选择第一个对象或［多段线(P)/半径(R)/修剪(T)/多个(U)］:
                                        //选择第一个对象;
选择第二个对象: //选择倒圆角的第二个对象。

选项说明:
①"多段线(P)":专门用于采用多段线绘制的图形进行倒圆角操作的选项,在对多段线绘制的图形对象进行倒圆角操作时,在给定圆角半径后,所有的圆角将一次完成。
②"半径(R)":设置圆角半径的选项。
③"修剪(T)":用于在倒圆角操作后,保留原线段还是去掉原线段的选项。
④"多个(M)":进行多次倒圆角操作的选项。选择该选项后,可以连续对多个图形对象进行倒圆角。
倒圆角的效果如图 5-26 所示。
如果在圆之间作圆弧连接,则不修剪圆。同时,系统会按圆弧切点与选取点靠近的原则来

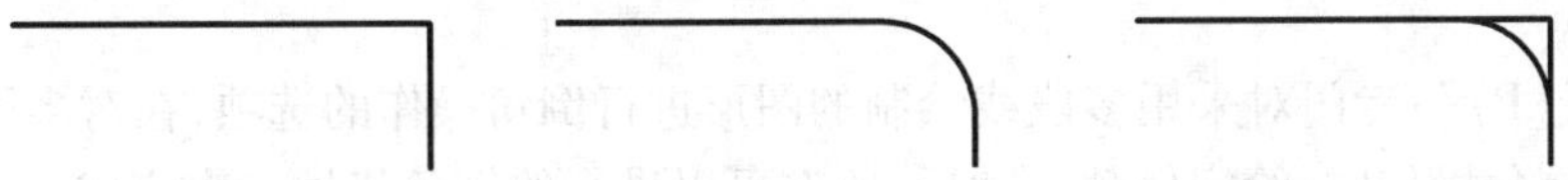

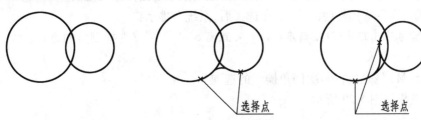

（a）倒圆角前　　　　（b）"修剪"模式倒圆角　　　（c）"不修剪"模式倒圆角

图 5-26　倒圆角

设置倒圆角的位置，如图 5-27 所示。

（a）作圆的圆弧连接前　　　　　（b）选择不同点作圆弧的效果比较

图 5-27　圆的倒圆角

　　如果在两条平行线之间作倒圆角操作，系统会自动计算倒圆角的半径，使其与指定的两直线相切，如图 5-28 所示。

（a）操作前　　　　　　　（b）倒圆角后

图 5-28　平行线间倒圆角

5.9.2　倒角

倒角命令用于在两条直线边倒角，可以用距离和角度两种方式来控制倒角的大小。

【命令】

工具栏："修改工具栏"中的"倒角"图标按钮

命令行：**CHAMFER**（或 **CHA**）

下拉菜单："修改"→"倒角"

在输入命令后，命令提示栏提示：

命令：_chamfer

（"修剪"模式）当前倒角距离 1 = 0.0000，距离 2 = 0.0000　　//显示当前设置；

选择第一条直线或 ［多段线（P）/距离（D）/角度（A）/修剪（T）/方式（E）/多个（M）］：

D ↙

　　　　　　　　　　　　　　　　　　//选择给定倒角距离的选项；

指定第一个倒角距离 ＜0.0000＞:5↙　　//给定第一个倒角距离；

指定第二个倒角距离 ＜0.0000＞:3↙　　//给定第二个倒角距离；

选择第一条直线或 ［多段线（P）/距离（D）/角度（A）/修剪（T）/方式（E）/多个（M）］：

　　　　　　　　　　　　　　　　　　//选择第一条直线；

选择第二条直线：　　　　　　　　　//选择第二条直线。

选项说明：

①"多段线(P)"：专门对采用多段线绘制的图形进行倒角操作的选项，在对多段线绘制的图形对象进行倒角操作时，给定倒角尺寸后，所有可以进行的倒角将被一次完成。

②"距离(D)"：重新设置倒角距离的选项。

③"角度(A)"：用角度方式确定倒角参数，其角度是按第一条直线的倒角距离设置的。

④"修剪(T)"：是用于在倒角操作后，保留原线段还是去掉原线段的选项。

⑤"方式(E)"：选择修剪的方式，在选择后，系统会提示：

输入修剪方法［距离(D)/角度(A)］＜距离＞：   //选择倒角的方式。

⑥"多个(M)"：是进行多次倒角操作的选项。

倒角的效果如图 5-29 所示。

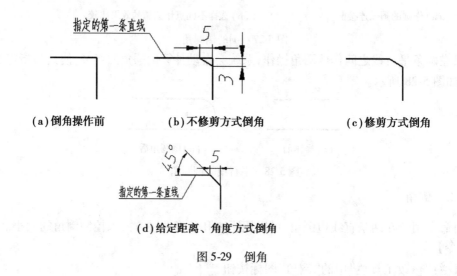

(a)倒角操作前   (b)不修剪方式倒角   (c)修剪方式倒角

(d)给定距离、角度方式倒角

图 5-29　倒角

注意：在倒角操作中，所给定的第一个倒角距离是与选定的第一条直线相对应的，在进行不等距倒角操作时，要注意这个问题。

5.10　分　解

在 AutoCAD 环境下绘图时，用绘图命令在一次操作中画出的图形是一个图形对象，例如，用正多边形、矩形命令画的正多边形、矩形虽然有几条边，但它们是一个图形对象，因此，不能对其中一条边进行修改和编辑操作；又如，填充的剖面线也是一个图形对象，不能对其中一条剖面线进行修改和编辑操作。而在用 AutoCAD 绘图的过程中，有时就需要对一个图形对象的一部分进行修改和编辑。AutoCAD 提供的"分解"功能正是用于这种情况的修改命令，它可将用一个绘图命令一次操作画出的组合图形对象进行分解，如用正多边形、矩形命令画的正多边形、矩形可以分解为每一条边为一个图形对象；同样，填充的剖面线在分解后，每一条剖面线就成为一个图形对象。而单一的图形对象是不能被分解的,如直线、圆等。

【命令】

工具栏:"修改工具栏"中的"分解"图标按钮 🗗

命令行:**EXPLODE**(或 **X**)

下拉菜单:"修改"→"分解"

在输入命令后,命令提示栏提示:

命令: _explode

选择对象: //选择分解对象;

选择对象: //继续选择分解对象;按"Enter"键
结束选择。

分解的效果如图 5-30 所示。为便于区别,将正六边形在分解前和分解后,用选择的方法进行了标记,在分解命令执行前,正六边形作为一个整体全选中;分解后,则可以选择其中一条边。

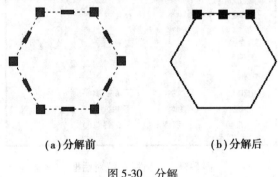

(a)分解前　　　　　　　　　(b)分解后

图 5-30　分解

5.11　用特性匹配进行编辑

AutoCAD 提供的特性匹配编辑功能类似于 Word 软件的"格式刷"编辑功能,它可将源对象的颜色、图层、线型、线宽、文字样式、标注样式、剖面线样式等特性复制给其他的图形对象。在图形的编辑中,是一个使用方便快捷的工具。

作为系统的默认设置,特性匹配的特性复制功能是全部复制;如果要进行部分特性的复制,就要改变特性复制的设置。

【命令】

工具栏:"标准工具栏"中的"特性匹配"图标按钮 🗒

命令行:**MATCHPROP**

下拉菜单:"修改"→"特性匹配"

在输入命令后,命令行提示:

命令: _matchprop

选择源对象: //选择源图形对象;

当前活动设置:颜色 图层 线型 线型比例 线宽 厚度 打印样式 标注 文字 填充图案 多段线 视口 表格材质 阴影显示 //当前设置提示;

选择目标对象或 [设置(S)]: //选择要修改的图形对象;

选择目标对象或 [设置(S)]: //继续选择要修改的图形对象;按"Enter"键结束。

选项说明:

"设置(S)":是要重新设置"特性匹配"的选项,在选择该选项时,系统会弹出"特性设置"对话框。在弹出的对话框"基本特性"和"特殊特性"中的特性复选框中,将不需要的特性关闭即可。"特性设置"复选框如图5-31所示。

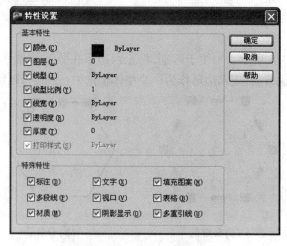

图5-31 "特性设置"对话框

5.12 夹点编辑

夹点编辑是一个快速的编辑功能,它可以完成拉伸、移动、旋转、比例缩放、镜像等编辑操作功能。在绘图中,用得比较多的是拉伸和移动功能。

5.12.1 夹点功能的设置

在 AutoCAD 2011 中,系统默认设置夹点功能是打开的,如果需要对夹点功能的默认设置进行修改,可以从下拉菜单"工具"中,选择"选项"。在出现的"选项"对话框中,选择"选择集"标签,如图5-32所示。对"拾取框大小""夹点大小"和"夹点"的颜色的设置进行调整和设置。

5.12.2 使用夹点功能

夹点功能的使用非常方便,在命令栏"命令"状态下,用光标选择图形对象,按系统的默认设置,在被选中的实体上会出现一些小的蓝色方框,这些小的方框就是实体的夹点。如果再用光标选中这些小的蓝色方框中的一个,这个被选中的小方框将变为红色。这个点即为控制命令中的基点。同时,在命令提示栏会出现提示:"∗∗ 拉伸 ∗∗",如果不进行拉伸操作,单击鼠标右键,会出现快捷菜单,如图 5-33 所示。可在快捷菜单中,选择所需的操作;也可以按"Enter"键,在命令提示栏会出现一个新的提示,连续按"Enter"键,其命令将依次循环出现:

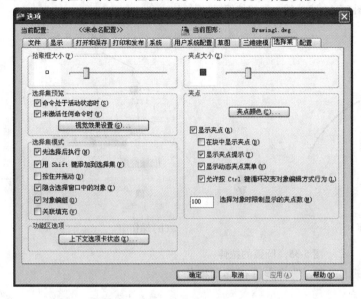

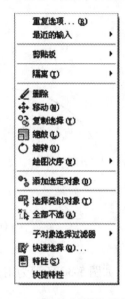

图 5-32　"选项"对话框　　　　　　　图 5-33　"夹点功能"快捷菜单

∗∗ 拉伸 ∗∗
指定拉伸点或 [基点(B)/复制(C)/放弃(U)/退出(X)]:
∗∗ 移动 ∗∗
指定移动点或 [基点(B)/复制(C)/放弃(U)/退出(X)]:
∗∗ 旋转 ∗∗
指定旋转角度或 [基点(B)/复制(C)/放弃(U)/参照(R)/退出(X)]:
∗∗ 比例缩放 ∗∗
指定比例因子或 [基点(B)/复制(C)/放弃(U)/参照(R)/退出(X)]:
∗∗ 镜像 ∗∗
指定第二点或 [基点(B)/复制(C)/放弃(U)/退出(X)]:

选项说明:
①"基点(B)":重新选择基点。
②"复制(C)":在选择该选项后,命令行提示会重复出现,可以对同一选中图形对象进行复制性操作。
③"放弃(U)":放弃该命令的最后一次操作。
④"退出(X)":结束该命令,返回命令行提示:"命令"状态。
如图 5-34 所示是用夹点编辑的"拉伸"功能对直线进行缩短的操作,按住鼠标左键将选中的夹点拖动至所需长度后即可。
如图 5-35 所示为用夹点编辑的"拉伸"功能对圆弧进行操作。

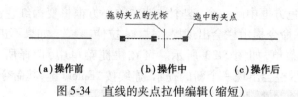

(a)操作前　　　　(b)操作中　　　(c)操作后

图 5-34　直线的夹点拉伸编辑(缩短)

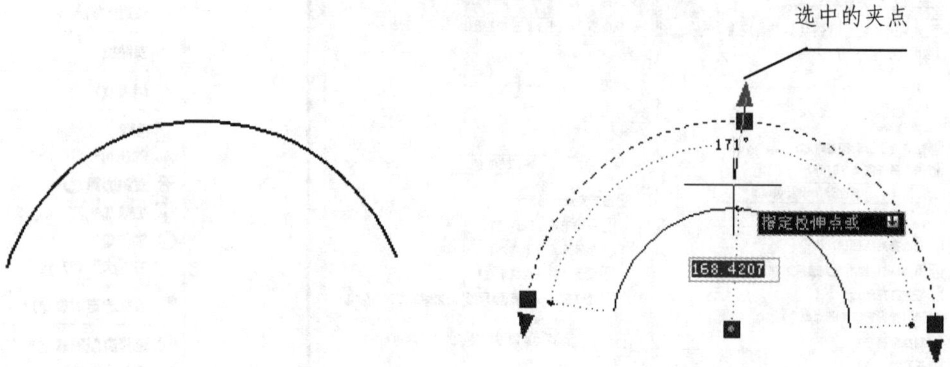

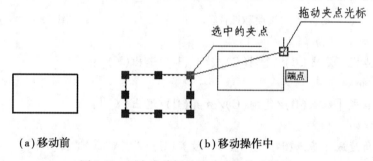

(a)操作前　　　　　　　　　　(b)操作中

图 5-35　圆弧的拉伸

如图 5-36 所示为用夹点编辑的"移动"功能进行移动操作。

(a)移动前　　　　　　　(b)移动操作中

图 5-36　用夹点编辑的移动功能移动图形

5.13　特　性

在 AutoCAD 2004 以后的版本中,提供了一个称为"特性"的高级修改编辑工具。绘图时,绘制的所有对象都具有特性,如"线型""线宽""图层",文字的"字体""字高",圆的圆心坐标,等等。利用"特性"选项卡,可以很方便地对所选对象的特性进行修改。

(1)"特性"选项卡

可以用多种方式打开"特性"选项卡。

【命令】

标准工具栏:"标准工具栏"中的"特性"图标按钮 ▣

命令行:**PROPERTIES**

下拉菜单:"修改"→"特性"

选择要查看或修改其特性的对象,然后在绘图区域单击右键,在出现的快捷菜单中,选择"特性"。

在图形对象上双击后,将显示该图形对象的"特性"选项卡。

在运行"特性"命令后,将打开"特性"选项卡,如图 5-37 所示。

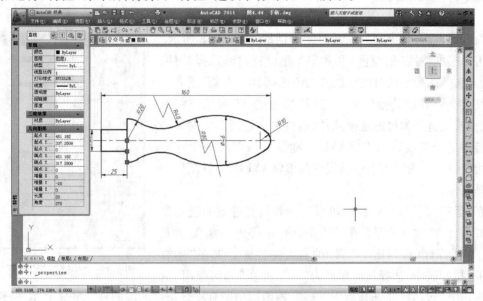

图 5-37　"特性"选项卡

从图 5-37 中可知,对图中选中的一条直线的特性,在"特性"选项卡中,按"常规""三维效果"和"几何图形"特性 3 栏进行了显示。在"常规"特性栏内,显示了该直线所在"图层""线型"等方面的设置。如果要修改,可在相应的特性内直接输入新值或在栏中出现的下拉列表中选取新值。在"几何图形"特性中,列出的是该直线的"几何图形"方面的特性,对本例显示了该直线起点、端点的坐标。通过对起点或端点的选择,在显示的栏内,直接输入新的坐标值来改变该点的位置,在修改后,图形将按修改后的值随之变化。

注意:

● 在选定多个对象时,"特性"选项卡仅显示所选择对象共有的特性。如要看单个对象的特性,在"特性"选项卡左上角的下拉列表中进行选择。

● 没有选定对象时,"特性"选项卡仅显示当前图层的基本特性、附着在图层上的打印样式表名称、视图特性和 UCS 的相关信息。

● 由于"特性"选项卡显示的是所选择对象的特性,由于不同的对象所包含的特性不同,因此,其"特性"选项卡的内容也有所不同。

● 要关闭"特性"选项卡,单击"特性"选项卡左边的关闭符号"✕"。

在"特性"选项卡标题栏上单击鼠标右键时,将显示快捷菜单选项。其中,选中"移动"选项,将显示用于移动选项板的四头箭头光标,可以移动选项板的位置;选中"大小"选项,将显示四头箭头光标,用于拖动选项板的边或角使其变大或变小。

(2)快速选择

所谓快速选择,是设置一定的过滤条件,将图形中符合条件的所有图形对象特性显示出来,以便于对其进行修改。

【命令】

工具栏:"特性"选项卡上方的"快速选择"命令图标按钮

命令行:**QSELECT**

命令输入后,将出现"快速选择"对话框,如图 5-38 所示。

可以根据特性(如颜色)和对象类型设置过滤选择条件。例如,只选择图形中所有红色的圆而不选择其他对象,或者选择除红色圆以外的其他对象。使用"快速选择"如果要将颜色、线型或线宽作为过滤选择条件,请首先确定图形中对象的这些特性是否被设置为 BYLAYER(随层)。例如,一个对象显示为红色是因为它的颜色被设置为 BYLAYER,并且图层的颜色是红色。

在"运算符"下拉列表中,可以选择和设置过滤的逻辑条件,如"等于""大于"等。在图 5-38 中,选择的对象类型是"圆",在其特性中,列出了"圆"的所有特性。如果在"运算符"的下拉列表中,选择过滤条件为" = ",并在"如何应用"选

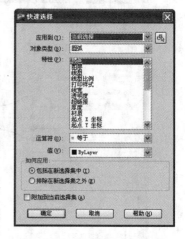

图 5-38 "快速选择"对话框

项区内选中"包括在新选择集中"选项,则图形中所有符合条件的圆的特性将显示在"特性"选项卡中。

5.14 综合绘图举例

现以如图 5-39 所示的齿轮为例,说明绘图与编辑命令的综合运用。

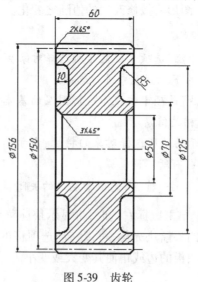

图 5-39 齿轮

图形分析：

在作图前，要对图形的构成进行简单的分析，以便于找出绘图应采用的方法。对本例，其图形是对称的，因此，可以先画出齿轮上半部的一半，然后用镜像的方法完成上半部，再用镜像的方法画出整个下半部，最后用填充的命令画出剖面线。

作图步骤：

①先画出对称轴中心线，按给定的尺寸，用直线命令和相对坐标或鼠标导向的方法画出上半个齿轮的一半，用圆角命令画出轮腹板上的圆角，用倒角命令画倒角，如图 4-40(a)所示。

②用镜像命令完成齿轮的上半部，如图 5-40(b)所示。

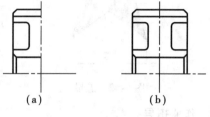

(a)　　　　(b)

图 5-40　齿轮的绘制(一)

③再次用镜像命令画出齿轮的下半部(见图 5-41(a))。在这里，不能在图 5-40(b)中将剖面线填充完成后一起镜像。如果这样，在镜像后，上下部分的剖面线方向将不一致。

④用填充命令，绘制剖面线(见图 5-41(b))，并将垂直中心线删除。这样，即可完成齿轮的绘制。

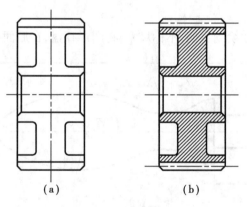

(a)　　　　　　　　(b)

图 5-41　齿轮的绘制(二)

上机练习与指导(五)

1. 按讲解的顺序和举例，熟悉修改工具栏各修改命令的功能和使用方法。

2. 按给定的尺寸，绘制如图 5-42 所示的图形。

作业指导：

本题主要是练习修剪命令的使用。用正多边形的绘图命令 ⬠ 绘制正五边形；将对象捕捉功能打开，然后用直线命令 ／ 画五角星；用修剪命令 ✄ 对五星的中心部分多余的线进行修剪，用"渐变色"图案填充命令 ▦ 进行填充，在打开的"边界图案填充"选项卡中，用自己喜欢的颜色和样式填充五星。

3. 按给定的尺寸，绘制如图 5-43 所示的六角螺母，不标注尺寸。

图 5-42　五星

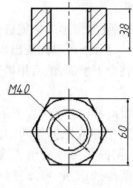

图 5-43　六角螺母

作业指导：

要设置图层和线型；用外切于圆的方式画正六边形。螺纹孔小径圆的直径为 $0.85d$，d 为螺纹直径。

上机练习与指导（六）

按如图 5-44 所示尺寸绘制手柄，不标尺寸，将图形存盘，在后面标注尺寸时使用。

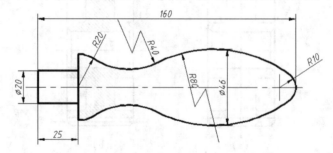

图 5-44　手柄

作业指导：

由于图 5-44 是对称图形，可画一半，然后用镜像的方法完成整个图形。

①绘制已知部分的图形，即 $\phi20$，尺寸 25 及 $R10$，$R20$ 的圆。

②用偏移命令，作一条辅助线，与中心线的距离为 23。

③用画圆的命令中的选项"相切、相切、半径"的方式画圆 $R80$，即与 $R10$ 圆和偏移线相切。

④用画圆的命令中的选项"相切、相切、半径"的方式画圆 $R40$，即与 $R20$ 圆和 $R80$ 圆相切。

⑤修剪命令对已画的图形进行编辑修改，将多余的线段剪掉。

⑥用镜像命令，对完成的一半图形进行镜像。

上机练习与指导(七)

绘制如图 5-45 所示的齿轮零件图,不标注尺寸、形位公差和表面粗糙度。

要求:

①根据图中给定尺寸,合理设置图幅。

②分析图形构成,设置图层和线型。

③画出标题栏和齿轮参数栏,并输入文字。

④在完成后,将图形存盘,用于后面练习标注时使用。

作业指导:

①键槽的画法可采用对象追踪的方法,以孔的最下点作为追踪点,用给定的尺寸确定键槽在中心线上的高度位置,然后用鼠标导向的方法,按给定的键槽宽度尺寸画出键槽水平轮廓线的一半。

②在画出键槽一半后,用镜像命令画出另一半,然后用修剪命令将键槽中间的圆弧剪掉。

③齿轮参数表可用"表格"命令生成。

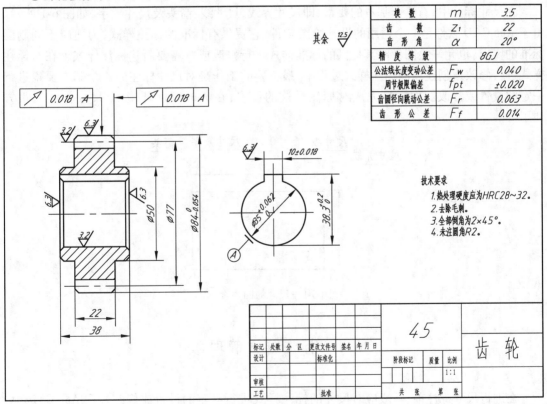

图 5-45　齿轮零件图

第6章

尺寸标注

尺寸标注是机械产品图纸绘制中重要的一个环节。对设计图纸而言,零件几何形体尺寸的表达是通过尺寸标注来实现的,不管图形绘制多么精确,标注的尺寸才是产品加工制造和检验的依据。国家机械制图标准中,对尺寸的标注有明确的规定,在采用 AutoCAD 软件来绘图时,也必须使尺寸的标注符合国家标准的要求。

在尺寸标注中,有 4 个基本的要素,即尺寸界线、尺寸线、箭头及尺寸数字,如图 6-1 所示。由于 AutoCAD 软件是一个通用的设计绘图软件,它提供有标准的标注样式,为适应不同制图标准的要求,也允许绘图者对其提供的标准样式进行修改或按需要新建标注样式。在对标注样式进行修改或创建新的标注样式过程中,最主要的工作是对尺寸标注的 4 个基本要素进行一定的设置或修改。而一旦完成对标注样式的设置,在 AutoCAD 环境下,尺寸标注就很方便了。

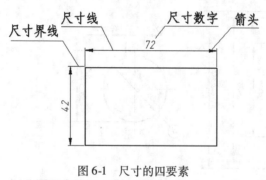

图 6-1　尺寸的四要素

6.1　标注样式管理器

在进行尺寸标注前,一般应对尺寸的标注样式进行一定的设置或修改。在 AutoCAD 中,是用"标注样式管理器"完成这些工作的。

为方便尺寸的标注,在标注尺寸前,应将标注工具栏调出,在 AutoCAD 2011 中,调出的方法是:下拉菜单"工具"→"工具栏"→"AutoCAD",在出现的工具菜单中,选定需要的工具栏后,该工具栏就会浮动显示出来。这里应选中"标注",如图6-2所示。标注工具栏如图6-3所示。

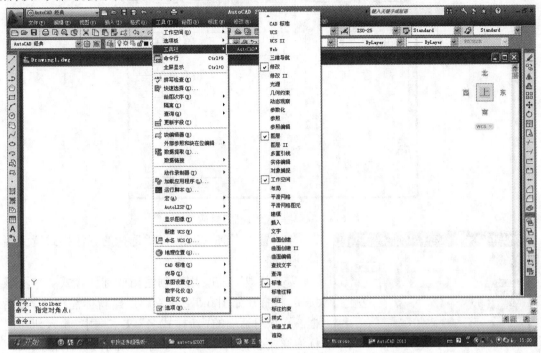

图6-2 "工具"下拉菜单

图6-3 "标注"工具栏

在实际的机械设计绘图标注尺寸时,一般根据标注的对象特点及标注位置的需要,通常有多种标注形式,如标注配合公差、对称公差、半径和直径等。在 AutoCAD 中处理这样的问题时,应按实际的需要,创建相应的尺寸样式。在标注过程中,通过调用不同的标注样式来实现不同标注的需要。对标注样式的管理和设置是通过"标注样式管理器"来实现的。

打开"标注样式管理器"的方法:

【命令】

工具栏:"标注工具栏"中的"标注样式"按钮

命令行:**DIMSTYLE**

下拉菜单:"格式"→"标注样式"

在命令输入后,系统将弹出"标注样式管理器"对话框,如图6-4所示。

下面对"标注样式管理器"对话框各选项的功能进行介绍。

①"当前标注样式":当前所用的标注样式。

②"样式"列表框:显示标注样式的名称,它根据"列出"下拉列表中选择"所有样式"或"正在使用的样式"而显示相应的内容。

"样式"列表中,第一行的 ▲ Annotative 的样式为"注释性尺寸标注样式"。

③"预览"显示框:显示当前标注样式示例。

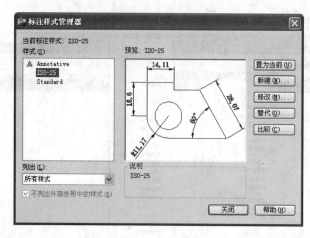

图 6-4 "标注样式管理器"对话框

图 6-5 "创建新标注样式"对话框

④"置为当前"按钮：将所选择的标注样式置为当前使用样式。

⑤"新建"按钮：用于创建新的标注样式。单击该按钮，将打开如图 6-5 所示的"创建新标注样式"对话框。在该对话框的"新样式名"文本框中，输入新建的标注样式名，如"工程图"；在"基础样式"下拉列表框中，选择新样式的基础样式名；"用于"下拉列表框用于定义新建标注样式的使用范围，其选项有"所有标注"和"线性标注"等，可按需要进行选择。

单击"继续"按钮，将打开如图 6-6 所示的"新建标注样式"对话框。

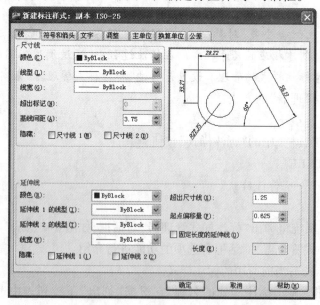

图 6-6 "新建标注样式"对话框

"新建标注样式"对话框有 7 个选项卡，现分别对其功能介绍如下：

(1)"线"选项卡

"线"选项卡如图6-6所示,用于设置尺寸线、尺寸界线的格式。

①"尺寸线"选项组:用于设置尺寸线的颜色、线型、线宽、超出标记、基线间距以及对尺寸线是否隐藏等。其中,"超出标记"是指尺寸线是否超出尺寸界线;"基线间距"是在采用基线标注的方式时,两条尺寸线之间的距离。

②"延伸线"选项组:对尺寸界线的颜色、线型、线宽、超出尺寸线、起点偏移量和尺寸界线是否隐藏进行设置。其中,"超出尺寸线"是指尺寸界线超过尺寸线的长度,一般可设置为2~3 mm;"起点偏移量"是指尺寸界线与所标注的对象之间的距离,按国家标准,一般应设为0;"隐藏"选项是指是否隐藏尺寸界线。

(2)"符号和箭头"选项卡

"符号和箭头"选项卡如图6-7所示,有5个选项组。

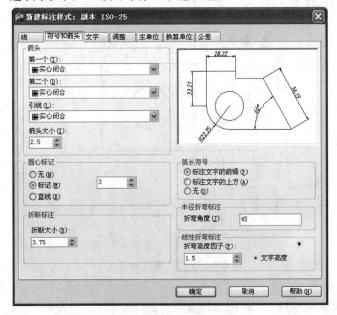

图6-7 "符号和箭头"选项卡

①"箭头"选项组:用于设置尺寸线箭头和指引线箭头的形式和尺寸,按不同制图的需要,箭头的形式在下拉列表中选取。对机械制图,应选取"实心闭合"。"箭头大小"是指箭头的长度。按国家标准规定,箭头的长度约为粗实线宽度的6倍。

②"圆心标记"选项组:是用于标注圆或半径时,对圆心进行标注形式的选项,可以对圆心标记的类型和大小进行设置。

③"弧长符号"选项组:用于对弧长符号标注形式的设置,在标注时,可以选择将弧长符号放在弧长尺寸数字的上方还是在数字的前面,或没有弧长符号。按现行国家制图标准的规定,弧长的符号在尺寸数字之前。

④"半径折弯标注"选项组:用于对较大的半径标注。所谓"半径折弯标注",是在标注圆弧的半径时,不从半径实际的圆心处出发,而是在一个任意的位置开始进行标注时所采用的方法。在绘图半径标注时,当圆弧的半径较大或不方便从圆心开始标注半径时,是很方便的一种标注方法。但在标注时,如果选定了圆弧的半径,该方式不会起作用。"折弯角度"是指折弯线

的角度,一般按系统默认值即可。弧长和折弯半径的标注效果如图 6-8 所示。

⑤"线型折弯标注"选项组:用于对线性尺寸进行折弯标注。折弯高度 h 为标注尺寸的字高与折弯高度因子的乘积,如图 6-9 所示。

以上这些选项的设置在改变后,预览区的图形会显示设置后的尺寸标注效果。为清楚说明起见,其效果如图 6-10 所示。

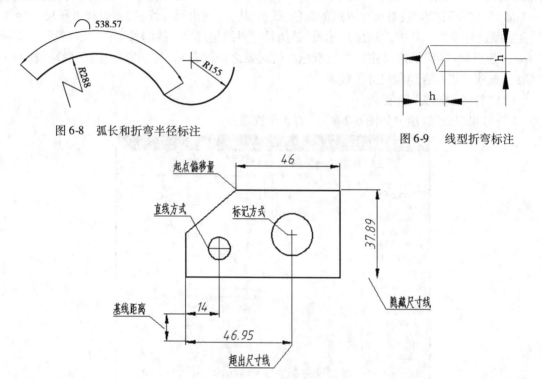

图 6-8 弧长和折弯半径标注

图 6-9 线型折弯标注

图 6-10 设置"直线和箭头"

(3)"文字"选项卡

"文字"选项卡如图 6-11 所示,用于设置尺寸数字的样式、位置和对齐方式。

①"文字外观"选项组:可以设置或选择文字的样式、颜色、高度、高度比例以及是否给文字加上边框。

②"文字位置"选项组:用于设置文字与尺寸线的位置关系及文字与尺寸线之间的距离。其中,"垂直"的下拉列表中,有"置中""外部""上方"和 JIS 选项,一般应设为"上方"或"居中",以符合国家标准的要求;"水平"的下拉列表中,有多个选项,一般应设置为"居中",即尺寸在尺寸线的中间位置;"观察方向"是指文字的书写方向,应选"从左到右";"从尺寸线偏移"是指尺寸数字与尺寸线的距离,为了不使标注的尺寸数字与尺寸线靠得太近,使标注的尺寸数字清晰和完整,一般可设为 1~2。

其设置的效果如图 6-12 所示。

③"文字对齐"选项组:用于确定文字的对齐方式,一般应设置为"与尺寸线对齐",其 3 种设置的效果如图 6-13 所示。

(4)"调整"选项卡

"调整"选项卡用于调整尺寸界线、尺寸线与尺寸数字之间的位置关系,特别是在标注尺

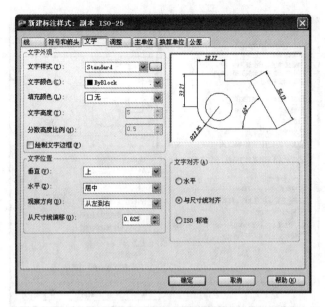

图 6-11 "文字"选项卡

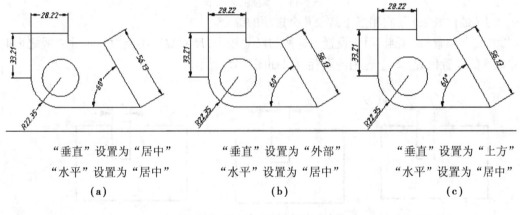

"垂直"设置为"居中"	"垂直"设置为"外部"	"垂直"设置为"上方"
"水平"设置为"居中"	"水平"设置为"居中"	"水平"设置为"居中"
(a)	(b)	(c)

图 6-12 "文字"选项卡设置效果

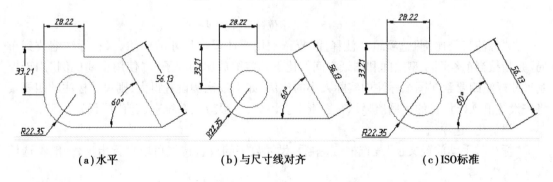

| (a)水平 | (b)与尺寸线对齐 | (c)ISO标准 |

图 6-13 "文字对齐"设置效果

寸的位置比较小的情况下,调整尺寸数字的标注位置。"调整"选项卡如图 6-14 所示。

①"调整选项"选项组:该组内的选项用于确定当尺寸界线内的空间比较小,不足以放置尺寸数字时,尺寸箭头与尺寸数字的关系。在该选项组内有多个选项,一般选其默认设置"文

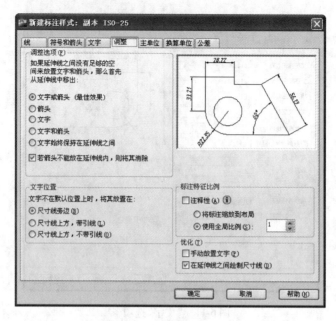

图6-14 "调整"选项卡

字或箭头(最佳效果)",它相当于其余几个选项的综合。

②"文字位置"选项组:用于设置当标注的尺寸较小,尺寸数字不能放在尺寸界线之内时,尺寸数字的放置位置。3 个选项的设置效果如图 6-15 所示。

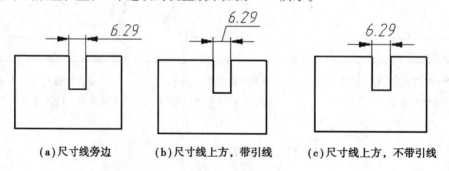

图6-15 "文字位置"设置效果

③"标注特征比例"选项组:"注释性"复选框用于注释性尺寸的标注。"将标注缩放到布局"是指按当前绘图模型空间和图纸空间的比例确定缩放比例因子。"使用全局比例"用于控制尺寸标注四要素在图纸标注中实际大小的比例,如果该比例设置得大,则尺寸标注的四要素将按设置值乘以设置的比例值显示在图纸上。因此,一般应按系统默认值"1"设置。

④"优化"选项组:

"标注时手动放置文字"复选框:选中后,尺寸数字的放置位置可以自行指定,一般不选该选项。

"在尺寸界线之间绘制尺寸线"复选框:该选项用于在标注尺寸较小,尺寸数字不能放到尺寸界线内时,两条尺寸线之间是否画尺寸线。选中该选项,将画线;不选,则不画。其效果如图 6-16 所示。

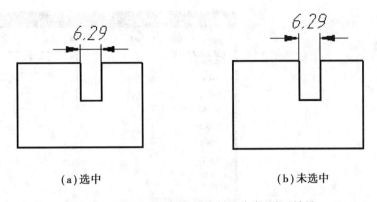

（a）选中 　　　　　　　　　　　（b）未选中

图6-16　"在尺寸界线之间绘制尺寸线"设置效果

(5)"主单位"选项卡

"主单位"选项卡如图6-17所示,用于设置尺寸数字的显示精度和比例。这部分的选项除应将"小数分隔符"的下拉列表设置为"."句点外,其余按系统默认设置即可。

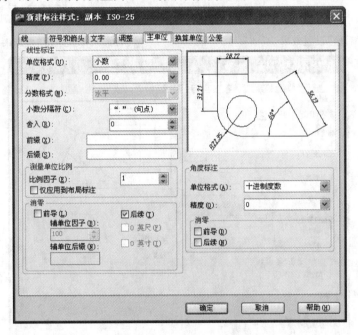

图6-17　"主单位"选项卡

其中,"前缀"和"后缀"输入框是用于设置尺寸数字的前缀和后缀,在这里输入前缀或后缀的字符,则所有的尺寸前或后都将会有输入的字符。

例如,在"前缀"和"后缀"都输入"R",则尺寸标注的效果如图6-18所示。

(6)"换算单位"选项卡

"换算单位"选项卡如图6-19所示,主要用于设置换算尺寸单位的格式和精度,并设置尺寸数字的前缀和后缀,一般按系统的默认设置即可。

(7)"公差"选项卡

"公差"选项卡如图6-20所示,主要用于设置尺寸公差标注的格式。

①"公差格式"选项组:

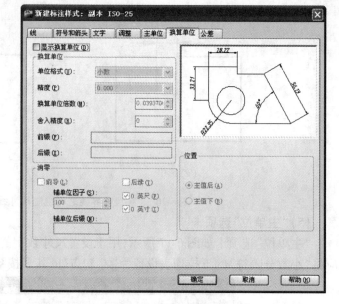

图 6-19 "换算单位"选项卡

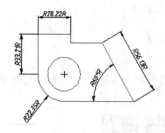

图 6-18 "前缀""后缀"设置效果

图 6-20 "公差"选项卡

"方式"下拉列表选项:其中,有 5 个选项:"无"选项,表示无公差标注;"对称"选项,表示上下偏差同值标注;"极限偏差"选项,表示上、下偏差值不同的标注;"极限尺寸"选项,表示用上下极限值标注;"基本尺寸"选项,表示要在基本尺寸数字上加一个矩形的框。

"精度"下拉列表框:用于指定公差值小数点后面保留的位数。

"上偏差""下偏差"文字输入框:用于输入尺寸的上、下偏差值。

"高度比例"文字输入框:用于设定公差数字与尺寸数字高度的比例,如当"高度比例"为"1"时,公差数字与尺寸数字一样高,因此,在标注对称公差时可以设为"1",而在标注极限偏差时,可设为"0.6"。

"垂直位置"下拉列表框:用于控制尺寸公差数字与基本尺寸数字的对齐方式,有"上""中""下"3 种对齐方式选项。按国家标准,在标注极限偏差时,下偏差应与基本尺寸标注在同一底线上,因此,应选择"下"对齐的方式。

②"公差对齐"选项组:只能在标注样式为"极限尺寸"时才能使用,用于选择公差对齐的方式。

③"消零"选项组:用于消除尺寸标注中的前导或后续零。

公差标注的效果如图 6-21 所示。

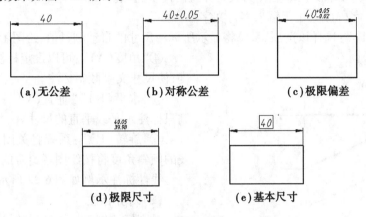

图 6-21　"公差"标注设置效果

6.2　标注尺寸

在尺寸的标注样式设置好以后,就可以使用设置的尺寸标注样式来标注尺寸。由于一般在图纸上尺寸标注有多种类型,如线性长度尺寸、角度尺寸、半径或直径尺寸等,在 AutoCAD 中,是根据要标注尺寸的类型,使用相应的标注命令来实现的。同时,在标注尺寸时,为了便于精确地捕捉尺寸标注点,应将"对象捕捉"功能打开。

6.2.1　标注长度尺寸

长度尺寸是指水平、垂直或倾斜的线性尺寸。

(1)线性标注

【命令】

工具栏:"标注工具栏"中的"线性"标注按钮 ▭

命令行:**DIMLINEAR**

下拉菜单:"标注"→"线性"

在命令输入后,命令提示栏提示:

指定第一条尺寸界线原点或 <选择对象>:　　　//用鼠标捕捉所标注尺寸的第一个端点,作为第一条尺寸界线的起点;

指定第二条尺寸界线原点:　　　　　　　　　//用鼠标捕捉所标注尺寸的第二个端

点,作为第二条尺寸界线的起点;

指定尺寸线位置或[多行文字(M)/文字(T)/角度(A)/水平(H)/垂直(V)/旋转(R)]:

//输入选项,如不输入选项,则按系统测量的尺寸值标注。

选项说明:

①"选择对象":按"Enter"键,选择该选项,此时光标变为拾取框,系统要求拾取一条直线或圆弧对象,并自动取其两端点作为尺寸界线的两个起点。

②"多行文字(M)":用于输入多行文字。

③"文字(T)":选择该选项,系统将显示所标注尺寸的自动测量值,绘图者可以进行修改。

④"角度(A)":可以设定标注文字的倾斜角度,使尺寸文字倾斜标注。

⑤"水平(H)""垂直(V)":在选择后,可限制只标注水平或垂直的尺寸。

⑥"旋转(R)":系统将关闭自动判断,尺寸线的倾斜角度将按绘图者给定的值标注。

线性标注示例如图 6-22 所示。

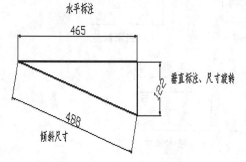

图 6-22　线性标注示例

(2)对齐标注

对齐标注用于标注倾斜的尺寸。

【命令】

工具栏:"标注工具栏"中的"对齐"标注按钮

命令行:**DIMALIGNED**

下拉菜单:"标注"→"对齐"

在命令输入后,命令提示栏提示:

命令:_dimaligned

指定第一条尺寸界线原点或 <选择对象>:

//用鼠标捕捉所标注尺寸的第一个端点,作为第一条尺寸界线的起点;

指定第二条尺寸界线原点:

//用鼠标捕捉所标注尺寸的第二个端点,作为第二条尺寸界线的起点;

指定尺寸线位置或[多行文字(M)/文字(T)/角度(A)]:

//输入选项,如不输入选项,则按系统测量的尺寸值标注。

选项的含义同线性标注,对齐标注示例如图 6-23 所示。

6.2.2　坐标尺寸标注

【命令】

工具栏:"标注工具栏"中的"坐标"标注按钮

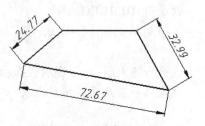

图 6-23　对齐标注示例

命令行：**DIMORDINATE**

下拉菜单："标注"→"坐标"标注

在命令输入后，命令提示行提示：

命令：_dimordinate

指定点坐标：　　　　　　　　　　　　　//指定要标注的坐标点作为引线
　　　　　　　　　　　　　　　　　　　　起点；

指定引线端点或［X 基准(X)/Y 基准(Y)/多行文字(M)/文字(T)/角度(A)］:
　　　　　　　　　　　　　　　　　　//指定引线终点或选项。

在用坐标尺寸标注时，系统自动测量的坐标值是相对于用户坐标系坐标原点的值，如图
6-24(a)所示。如果要改变，可以用选项"文字(T)"，然后用键盘输入尺寸，如图 6-24(b)所示。

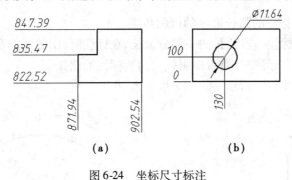

(a)　　　　　　　　　　　　　**(b)**

图 6-24　坐标尺寸标注

6.2.3　标注半径、圆弧、直径及圆心标记

(1)标注半径

【命令】

工具栏："标注工具栏"中的"半径"标注按钮 ⊘

命令行：**DIMRADIUS**

下拉菜单："标注"→"半径"标注

在命令输入后，命令提示行提示：

命令：_dimradius

选择圆弧或圆：　　　　　　　　　　　　//选择圆或圆弧；

标注文字 =33.77　　　　　　　　　　　//显示系统自动测量的尺寸值；

指定尺寸线位置或［多行文字(M)/文字(T)/角度(A)］:
　　　　　　　　　　　　　　　　//指定尺寸线的位置，完成标注。

半径标注示例如图 6-25 所示。

(2)标注圆弧的弧长

在标注前应在标注格式中，对弧长符号与尺寸数字的位置关系进行设置。

【命令】

工具栏:"标注工具栏"中的"弧长"按钮

命令行:**DIMARC**

下拉菜单:"标注"→"弧长"

在命令输入后,命令提示行提示:

命令:_dimarc

选择弧线段或多段线弧线段: //选择要标注的圆弧;

指定弧长标注位置或［多行文字(M)/文字(T)/角度(A)/部分(P)/引线(L)］:

                                                //指定标注位置。

选项说明:

①角度(A):指定标注的弧长数字的倾斜角度。

②部分(P):是指标注一段弧长的一部分弧长,在标注时,用鼠标选定标注的起点与终点。

③引线(L):是指在标注时,是否用引线指向所标注的圆弧。

弧长标注效果如图6-26所示。

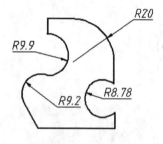

图6-25 半径标注示例

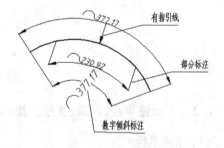

图6-26 弧长标注效果

(3)标注折弯半径

该命令用于在标注半径时,半径
线不从圆心引出的场合。

【命令】

工具栏:"标注工具栏"中的"折弯"按钮

命令行:**DIMJOGGED**

下拉菜单:"标注"→"折弯"

在命令输入后,命令提示行提示:

命令:_dimjogged

选择圆弧或圆: //选择圆或圆弧;

指定中心位置替代: //用鼠标选择标注时的替代圆心;

标注文字 = 287.45   //系统自动测量值;

指定尺寸线位置或［多行文字(M)/文字(T)/角度(A)］:

                                                //指定尺寸线的位置;

指定折弯位置：　　　　　　　　　　　　　　//指定折弯的位置,完成标注。

折弯标注的效果如图6-8所示。

（4）**标注直径**

【命令】

工具栏:"标注工具栏"中的"直径标注"按钮 ⊘

命令行:**DIMDIAMETER**

下拉菜单:"标注"→"直径"

在命令输入后,命令提示行提示：

命令：_dimdiameter

选择圆弧或圆：　　　　　　　　　　　　　//选择圆或圆弧；

标注文字 =74.14

指定尺寸线位置或［多行文字(M)/文字(T)/角度(A)］：

　　　　　　　　　　　　　　　　　　　//指定尺寸线的位置,完成标注。

直径标注示例如图6-27所示。

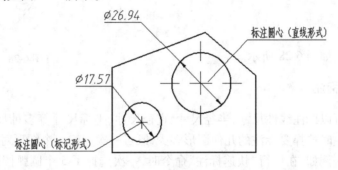

图6-27　直径和圆心标注示例

（5）**圆心标记**

该命令用于标注圆的圆心,标注圆心的标注样式是在标注管理器的直线和箭头选项卡中设置的。

【命令】

工具栏:"标注工具栏"中的"圆心标注"按钮 ⊕

命令行:**DIMCENTER**

下拉菜单:"标注"→"圆心标记"

在输入命令后,命令提示行提示：

命令：_dimcenter

选择圆弧或圆：　　　　　　　　　　　　　//选择圆或圆弧。

圆心标注示例如图6-27所示。

6.2.4　标注角度尺寸

【命令】

工具栏:"标注工具栏"中的"角度"标注按钮

命令行:**DIMANGULAR**

下拉菜单:"标注"→"角度"标注

在命令输入后,命令提示行提示:

命令:_dimangular

选择圆弧、圆、直线或 <指定顶点>:　　　//指定构成角的第一条边;

选择第二条直线:　　　　　　　　　　　//指定构成角的第二条边;

指定标注弧线位置或[多行文字(M)/文字(T)/角度(A)]:

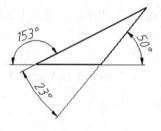

　　　　　　　　　　　　　　　　　　//用鼠标指定圆
　　　　　　　　　　　　　　　　　　弧线的位置,
　　　　　　　　　　　　　　　　　　完成标注,或
　　　　　　　　　　　　　　　　　　输入选项;

标注文字 =150　　　　　　　　　　　//当前角度自动
　　　　　　　　　　　　　　　　　　测量值。

角度标注示例如图 6-28 所示。

图 6-28　角度标注示例

6.2.5　快速标注

快速标注是可以标注线性尺寸、半径尺寸、直径尺寸、坐标尺寸等多种尺寸形式的标注命令。根据执行命令时选择要标注的几何图形多少,既可一次标注一个图形对象,也可以一次标注多个图形对象。例如,在执行"快速标注"命令时,一次选择了 5 个圆弧图形,并选择命令选项"半径(R)",则所选的 5 个圆弧图形的半径将一次标出。正因为该命令可以一次标注多个尺寸,故称为快速标注。

【命令】

工具栏:"标注工具栏"中的"快速标注"按钮

命令行:**QDIM**

下拉菜单:"标注"→"快速标注"

在命令输入后,命令提示行提示:

命令:_qdim

选择要标注的几何图形:　　　　　　　　//选择一条直线或圆、圆弧;

指定尺寸线位置或[连续(C)/并列(S)/基线(B)/坐标(O)/半径(R)/直径(D)/基准点(P)/编辑(E)/设置(T)]:　　　　　//系统默认标注方式为线性标注,指定尺寸线
　　　　　　　　　　　　　　　　　　　　位置就完成标注;或输入选项,则按指定的方
　　　　　　　　　　　　　　　　　　　　式进行标注。

6.2.6 基线标注和连续标注

(1)基线标注

基线标注命令是用于标注具有一条公共尺寸界线的一组平行尺寸或角度尺寸。在执行该命令前,必须先标注一个尺寸,使该尺寸的一条尺寸界线作为公共尺寸界线后才能使用。同时,在标注样式管理器的尺寸选项中,必须对"基线间距"进行设定,一般其基线间距值应大于尺寸数字的高度。

【命令】

工具栏:"标注工具栏"中的"基线"标注按钮 ⊟

命令行:**DIMBASELINE**

下拉菜单:"标注"→"基线"

在命令输入后,命令提示行提示:

命令:_dimbaseline

指定第二条尺寸界线原点或[放弃(U)/选择(S)] <选择>: //指定尺寸界限点;

标注文字 =161.75

指定第二条尺寸界线原点或[放弃(U)/选择(S)] <选择>: //指定下一个尺寸界
　　　　　　　　　　　　　　　　　　　　　　　　　线点。

标注文字 =247.06

选项说明:

"选择(S)":用于选择标注的基准。系统的默认设置是选择在标注方向上,第1条尺寸界线作为基准线。在输入选择后,系统提示:"选择基准标注",这时,可以选择标注的基准线。

基线标注示例如图6-29所示。

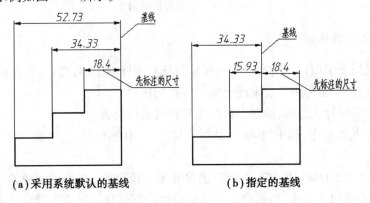

图6-29 基线标注示例

(2)连续标注

连续标注用于标注连续成链状的一组线性尺寸或角度尺寸。与基线标注一样,连续标注也要先单独标注一个尺寸后,才能使用连续标注命令。

【命令】

工具栏："标注工具栏"中的"连续"标注按钮 ⊢⊢⊣

命令行：**DIMCONTINUE**

下拉菜单："标注"→"连续"

在命令输入后，命令提示行提示：

命令：_dimcontinue

指定第二条尺寸界线原点或［放弃(U)/选择(S)］＜选择＞：**S** ↙　　//另选标注基准线；

选择连续标注：　　　　　　　　　　　　　　　　　//选择标注基准线；

指定第二条尺寸界线原点或［放弃(U)/选择(S)］＜选择＞：

标注文字 ＝30

指定第二条尺寸界线原点或［放弃(U)/选择(S)］＜选择＞：

标注文字 ＝30

指定第二条尺寸界线原点或［放弃(U)/选择(S)］＜选择＞：↙　　//结束命令。

"连续标注"的操作和选项功能与"基线标注"相同。连续标注的示例如图6-30所示。

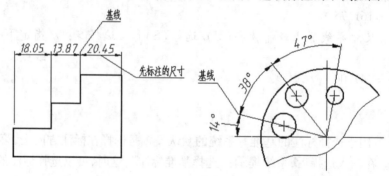

图6-30　连续标注示例

6.2.7　多重引线标注

引线标注是用于引线标注的命令。在国家机械制图标准中，对螺孔、光孔及钣金件的板厚等可以采用引线标注，也可用于装配图上标注零件的序号。

在进行多重引线标注之前，应对引线标注的格式进行设置。

在"格式"下拉菜单中，选中"多重引线标注样式"。在选中后，会出现"多重引线样式管理器"对话框，如图6-31所示。

多重样式管理器的设置操作与前面讲的尺寸标注管理器是类似的。单击"新建"按钮后，会出现"创建新多重引线样式"对话框。在这里可以给新创建的多重引线样式取一个名称，如图6-32所示。完成后，单击"继续"按钮，会出现"修改多重引线样式"对话框，如图6-33所示。

在"修改多重引线样式"对话框中，有"引线格式""引线结构"和"文字"3个选项卡。

(1)"引线格式"选项卡

"引线格式"选项卡如图6-33所示。

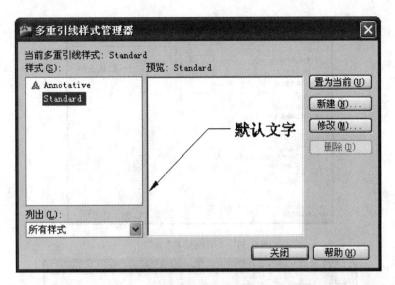

图 6-31 "多重引线样式管理器"对话框

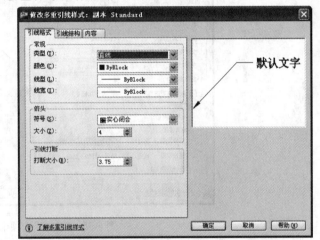

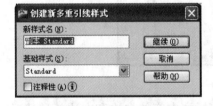

图 6-32 "创建新多重引线样式"对话框   图 6-33 "修改多重引线样式"对话框

①"常规"选项组:用于对引线的"类型""颜色""线型"和"线宽"等进行设置。

②"箭头"选项组:用于设置指引线的"箭头"形式和箭头的"大小"。这里需要注意的是,在标注装配图的零件序号时,"箭头"的符号要选"点"或"小点",点的大小也要按图形的大小进行适当的设置。

③"引线打断"选项:是对需要将引线打断的时候,对打断部分大小的设置。

(2)"引线结构"选项卡

"引线结构"选项卡如图 6-34 所示。

(3)"内容"选项卡

"内容"选项卡如图 6-35 所示。

①"多重引线类型"下拉列表选项:用于选择标注内容的形式。一般选择"多行文字"。

②"文字选项"选项组:是对引线标注文字的字体、颜色、字高和对齐的方式等内容进行设置。

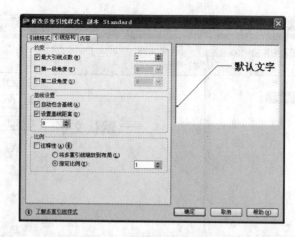

图 6-34 "引线结构"选项卡

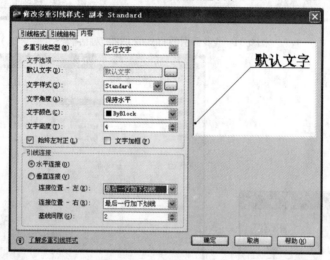

图 6-35 "内容"选项卡

③"引线连接"选项组:在用引线标注时,存在引线在标注内容的左边和右边两种情况。"引线连接"用于设置标注内容与引线之间的位置关系。"基线间隙"是指标注内容与基线之间的间隔。

设置更改后,通过预览可以看到修改设置后的效果。

引线设置完成后,就可以进行标注了。

【命令】

命令行:**MLEADER**

下拉菜单:"标注"→"多重引线"

在命令输入后,命令提示行提示:

命令:_mleader

指定引线箭头的位置或 [引线基线优先(L)/内容优先(C)/选项(O)] <选项>:

指定引线基线的位置: //指定引线起点。

"引线基线优先(L)""内容优先(C)"是指在标注时,是优先确定引线基线的位置还是标注内容。"选项(O)"是对引线标注进行设置。

引线标注的示例如图 6-36 所示。

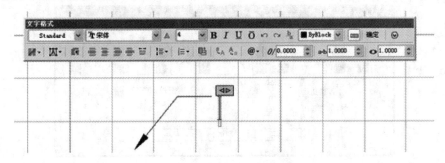

图 6-36　引线标注

按照国家制图标准,在装配图上标注零件的序号时,零件的序号在基线的上方,指引线的起点应该是小圆点。因此,标注前,在"引线格式"选项卡中,将"箭头"的形式选为"小点";在"引线结构"选项卡中,不选中"自动包含基线";在"内容"选项卡的"引线连接"选项组中,对"连接位置"选中"第一行加下划线"。其标注效果如图 6-37 所示。

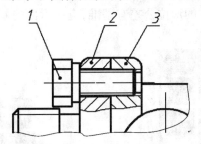

图 6-37　装配图零件序号引线标注示例

6.3　形位公差标注

形位公差的选择和标注是机械产品图纸设计绘制中一个重要的组成部分。AutoCAD 提供了形位公差的标注命令,该命令的执行方式是在输入标注形位公差的命令后,在打开的形位公差对话框内选择要标注的形位公差代号,并输入形位公差值,最后将标注框拖曳至图纸中要放置的位置。

需要指出的是:不能用该命令一次完成形位公差的标注,该命令仅完成形位公差标注的标注框部分,而形位公差的引线要用多重引线标注命令或直线命令绘制;形位公差的基准代号要用绘图命令绘制,或将基准代号做成图块插入(有关"图块"的内容见第 7 章)。

形位公差标注框内的文字高度、字体均由当前使用的尺寸标注样式控制。

【命令】

工具栏:"标注工具栏"中的"公差"按钮 图

命令行:**TOLERANCE**

下拉菜单:"标注"→"公差"

在命令输入后,系统弹出如图 6-38 所示"形位公差"对话框。

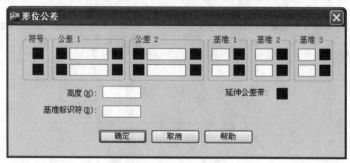

图 6-38 "形位公差"对话框

单击"符号"下面的黑色方框,将打开如图 6-39 所示的"特征符号"对话框,从中选择要标注的形位公差代号,若不选择,单击右下角的白色方块;在"公差 1"下面的文本框输入公差的数值,当需要在公差前面设置直径符号时,单击文本框前面的黑色方框。如果要设置公差的附加符号,单击文本框后面的黑色方框,会打开如图 6-40 所示的"附加符号"对话框,然后选择所要的附加符号。如果所标注的形位公差有基准,应在后面的基准文本输入框中输入基准代号,如"A"或"A-B"等。

图 6-39 "特征符号"对话框

图 6-40 "附加符号"对话框

在标注的基本格式方面,AutoCAD 实际标注的格式与"形位公差"对话框的格式相同,即一行可标注两个形位公差,也可标注两行。需要在一个位置标注多个形位公差时,按照我国机械制图标准,应采用上下排列的方式。

下面以如图 6-41 所示的滚轮为例,说明尺寸和形位公差的标注方法。

分析:由图 6-41 可以看出,该图的尺寸类型比较简单,只有线性尺寸和半径尺寸。形位公差只有两处、3 个项目。

具体操作步骤:

①虽然标注的尺寸比较简单,但由于有一个尺寸是极限偏差,因此,要创建两个尺寸样式,一个标注线性尺寸,一个专门用于标注极限偏差尺寸。在创建尺寸样式时,对箭头的大小、尺寸文字从尺寸线偏移的距离、文字的高度、半径的标注形式等进行必要的设置,然后用创建的尺寸样式进行标注。对标注极限偏差的尺寸样式,要在尺寸标注样式管理器的"公差"选项卡中,按所标注的极限偏差进行设置。

②用"线性标注"命令 ▢ 标注图中的线性尺寸,用"半径标注"命令 ◐ 标注 $R15$,对图中

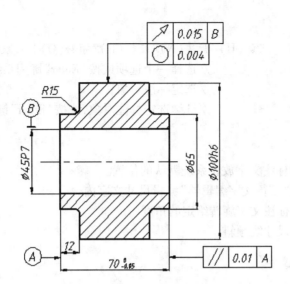

图 6-41　滚轮尺寸与形位公差标注

的 $\phi45P7$, $\phi100h6$, $\phi65$ 3 个尺寸,在标注时,用"多行文字(M)"选项或"文字(T)"选项,输入文字。用另一个尺寸样式标注极限偏差尺寸。

③用"公差 "命令,按给定的公差代号和公差值标注形位公差,即在上面一行标注圆跳动公差,在下面一行标注圆度公差,并将其拖曳至图中合适的位置;再次用公差命令标注另一个平行度公差。

④由于仅需要画形位公差标注框的引线,在使用"多重引线"命令时要进行设置,将"内容"选项卡的"多重引线类型"选项设置为"无"。然后用"多重引线"命令绘制形位公差的引线。

⑤用绘图的方法,画出形位公差的基准符号。

在学习了第 7 章"图块"部分的内容后,可以将形位公差基准符号做成图块,然后用图块插入的方法插入基准符号。

6.4　尺寸标注的编辑

尺寸标注的编辑命令用于对已标注尺寸的编辑,可以对标注尺寸的位置、文字位置、文字内容及标注样式等进行修改。

6.4.1　编辑标注

该命令可以对标注的尺寸文字进行旋转和修改,还可以修改尺寸线。

【命令】

工具栏:"标注工具栏"中的"编辑标注"按钮

命令行:**DIMEDIT**

在命令输入后,命令提示栏提示:

命令：_dimedit

输入标注编辑类型［默认(H)/新建(N)/旋转(R)/倾斜(O)］＜默认＞：

             //选择一个选项或按"Enter"键用系统"默认"设置；

选择对象：   //选定标注对象；

选择对象：   //继续选定标注对象,或按"Enter"键结束命令。

选项说明：

①"默认(H)"：将标注文字放在系统默认的位置。

②"新建(N)"：用"多行文字编辑器"编辑尺寸文字内容。

③"旋转(R)"：使标注文字旋转给定的角度。

④"倾斜(O)"：使尺寸线倾斜。

6.4.2 编辑标注文字

该命令用于修改标注对象的文字位置,可以动态地拖曳整个标注尺寸。

【命令】

工具栏："标注工具栏"中的"编辑标注文字"按钮

命令行：**DIMTEDIT**

下拉菜单："标注"→"对齐文字"

在命令输入后,命令提示栏提示：

命令：_dimtedit

选择标注：   //选择要编辑的尺寸；

为标注文字指定新位置或［左对齐(L)/右对齐(R)/居中(C)/默认(H)/角度(A)］

            //如不选择选项,可以拖曳标注的尺寸到需要的位置。

选项说明：

①"左对齐(L)""右对齐(R)""居中(C)"：指标注文字的对齐方式。

②"默认(H)"：将标注文字放在系统默认的位置。

③"角度(A)"：将标注文字按给定的角度旋转。

6.4.3 标注更新

该命令用于将已标注的尺寸标注样式更新为当前标注样式。

【命令】

工具栏："标注工具栏"中的"标注更新"按钮

命令行：**DIMSTYLE**

下拉菜单："标注"→"更新"

在命令输入后,命令提示栏提示：

命令：_-dimstyle

选择对象：   //选择要更新的尺寸,选择完成后,按"Enter"键结束命令。

6.4.4 更改尺寸线箭头的方向

在一些特殊的场合,需要更改标注尺寸的箭头方向,在 AutoCAD 2006 以后的版本中,提供了这样的功能。

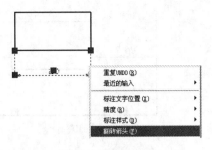

其具体的方法是:选择需要更改方向的箭头,然后单击鼠标右键,在快捷菜单中,选择"翻转箭头"命令即可,如图 6-42 所示。

翻转箭头的效果如图 6-43 所示。

图 6-42　快捷菜单

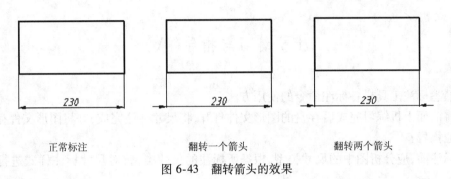

正常标注　　　　　　　　　翻转一个箭头　　　　　　　　翻转两个箭头

图 6-43　翻转箭头的效果

6.4.5 等距标注

等距标注可以调整标注的尺寸线之间的距离,使图纸的尺寸线之间的距离均等,图纸更加美观。

【命令】

工具栏:"标注工具栏"中的"等距标注"按钮 ▥

命令行:**DIMSPACE**

下拉菜单:"标注"→"标注间距"

在命令输入后,命令提示栏提示:

选择基准标注　　　　　　　　　　　//选择需要调整标注的基准标注;

选择要产生间距的标注:找到 1 个　　//选择要调整的标注,选择多个需要调整的尺寸;

输入值或［自动(A)］＜自动＞:　　//输入尺寸线之间的设定的距离值。

调整的效果如图 6-44 所示。

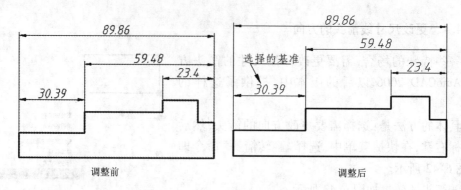

图 6-44　等距标注的效果

上机练习与指导(八)

1. 熟悉标注工具栏各标注命令的使用方法。

2. 将前面上机练习完成后存盘的图形文件打开,将尺寸标注完成,并将图形文件存盘。

作业指导:

在标注前,应分析图中的尺寸类型,根据所标注的尺寸类型,对尺寸标注样式进行适当的设置。

第 **7** 章
图块、设计中心与工具选项板

7.1　图块的创建与插入

在机械设计绘图的过程中,有很多需要经常重复绘制的图形,如螺栓、螺母等标准件,还有表面粗糙度符号、形位公差的基准符号等。为减少重复劳动,提高绘图效率,AutoCAD 提供了图块功能。

所谓"图块",就是一组由用户定义的图形对象的集合。一个图块可以由多个图形对象组成。图块在定义后,就可以用图块插入命令将图块插入当前绘图窗口中需要的位置。在进行插入时,整个图块是一个图形对象。在插入后,如要对其中单个的图形对象进行修改和编辑,应使用分解命令对图块进行分解后才能进行。

用图块功能,可以将前面提到的那些经常要用的图形定义为图块,还可以建立自己的标准件图库,在需要时将其调出插入指定位置,从而提高绘图效率。因此,图块是 AutoCAD 中一个很有用的功能。

AutoCAD 的图块有两种类型:内部块和外部块。内部块在创建后,保存在当前图形中,并只能在当前图形范围使用。外部块则是以图形文件的形式进行保存,可以为所有的图形文件使用。因此,对仅在一张图纸内使用较多的特殊图形应创建内部块;对绘图经常要用的图形应采用外部块的方式。

7.1.1　内部图块的创建

【命令】

绘图工具栏:"绘图工具栏"中的"创建块"命令图标按钮

命令行:**BLOCK**(或 **B**)

下拉菜单:"绘图"→"块"→"创建"

在命令输入后,将出现如图 7-1 所示的"块定义"对话框。

①"名称"下拉列表框:输入要创建的块名称,名称可以是中文、字母或数字。一般可按块

图 7-1 "块定义"对话框

的内容取名,如"基准符号""六角螺母"等。

②"基点"选项组:用于定义块在插入时的基准点,即绘图光标的夹持点。基准点可以直接给坐标值,或单击"拾取点"图标,然后用鼠标在绘图窗口拾取,一般采用"拾取点"的方法。

③"对象"选项组:用于选择要定义为块的图形对象。有两个选项:"在屏幕上指定"是指用鼠标指定;"选择对象"图标,是在绘图窗口选择要成为图块的对象。如果采用"选择对象"的方式,在选择完成后,将重新显示对话框,并在最下面一行显示选择的图形对象数量。该选项组还有 3 个单选项:

● "保留":在成为块后,所选择的图形对象仍然是独立图形对象。

● "转换为块":是指在创建块后,所选择的对象将成为一个图形对象。

● "删除":是指在创建块后,所选择的对象将被删除。

④"设置"选项组:用于对块插入时的设置。

● "块单位":指插入所使用的单位,如毫米、厘米等。

⑤"方式"选项组:

● "注释性":选中后,所定义的块具有"注释性"的属性。

● "按统一比例缩放"复选框:选中后,在插入时对整个块按统一的比例进行缩放。没有选中,则可以在插入时,在 X,Y,Z 3 个方向设置不同的比例进行缩放。

● "允许分解"复选框:选中后,插入的块可以用"分解"命令进行操作;如果没有选中,则块在插入后,整个块成为一个图形对象,不能用"分解"命令将图块分解为单一的图形对象进行编辑。因此,一般应选中该选项,便于对块在插入后进行修改和编辑。

⑥"说明":是对块的说明,可以输入说明性文字,也可以什么都不写。

作为内部块,在完成了"块定义"对话框的操作后,单击"确定"按钮,即完成了对块的定义和保存。

7.1.2 外部图块的创建

外部图块的创建,只能采取在命令行输入命令的方式进行。

【命令】

命令行：**WBLOCK**（或 **W**）

在命令输入后，系统将打开如图 7-2 所示的"写块"对话框。

①"源"选项组：

●"块"：是指在当前绘图窗口创建的内部块作为创建外部块的来源。

●"整个图形"：是把当前绘图窗口的图形作为块。

●"对象"：将指定的对象作为块。

②"基点"和"对象"两个选项组与前面图 7-1 相同。

③"目标"选项组：在该选项组的"文件名和路径"下拉列表框中，可直接设置保存所创建的外部块的路径及块的名称，也可以单击后面的 ▦ 按钮，

图 7-2　"写块"对话框

在弹出的"浏览图形文件"对话框中，设置块名和保存的路径，设置操作完成后，单击"确定"按钮，即可完成"外部块"的定义和保存。

7.1.3　插入块

在完成块的定义后，就可以进行块的插入操作了。

【命令】

绘图工具栏："绘图工具栏"中的"插入块"图标 ▦

命令行：**INSERT**

下拉菜单："插入"→"块"

在命令输入后，将打开如图 7-3 所示的"插入"对话框。

图 7-3　"插入"对话框

下面对"插入"对话框的内容与设定进行介绍。

①"名称"下拉列表框:在该下拉列表框内选择要插入的块名;如要插入外部块,应单击"浏览(B)"按钮,在打开的"选择图形文件"对话框中,选择要插入的图块。在"浏览(B)"后面,是选中的插入块预览图形。

②"插入点"选项组:用于指定插入点,可直接给坐标,系统默认是用鼠标指定的方式。

③"比例"选项组:用于设置插入时的比例,系统默认为 1∶1,可以在屏幕上拖动鼠标指定,也可以对 X,Y,Z 3 个坐标设置不同的比例。

④"旋转"选项组:用于设置块在插入时旋转的角度。

⑤"块单位"选项组:是用于选定插入块的单位和比例。

⑥"分解"复选框:在选中后,插入的图形将自动分解为单个的图形对象;否则,插入的图形是一个整体。

在完成对"插入"对话框的设置后,单击"确定"按钮,关闭对话框。再回到绘图窗口后,命令提示栏会出现提示:

指定插入点或 [基点(B)/比例(S)/X/Y/Z/旋转(R)]:

在用光标将块拖动到指定位置后,如果不需要对插入的设置进行修改,对出现的提示直接按"Enter"键即可。

● "基点(B)":选择该选项后,可以重新选取插入的基点。

7.2　块的属性

虽然已将经常使用的图形定义为块,但对一些图块,在具体使用中将块插入图纸后,还要进行一些修改或编辑操作。例如,将表面粗糙度基本符号定义为块,在插入后,还要根据插入位置具体设计的要求,输入表面粗糙度值;又如,将形位公差基准代号定义为块后,在使用时,也要对其中的基准代号字母进行修改。为了方便这种操作,在 AutoCAD 中,还提供了定义块属性的功能。

所谓块的属性,是指把块的一些非图形信息与图形信息一起定义为一个整体。在插入时,非图形信息与图形信息一起插入到图形中。

块的属性包括属性标记和属性值两个内容。例如,对表面粗糙度符号,既可以把一个任意代号定义为属性标记,也可以将一个粗糙度值定义为属性标记;可将常用的一个表面粗糙度值定义为默认的属性值,在插入这种带属性的表面粗糙度符号块时,AutoCAD 会通过属性提示,要求输入属性值,块插入后,属性就会以属性值显示出来。这样,在机械零件不同的部位插入表面粗糙度块,输入不同属性值后,就具有不同的粗糙度值。

注意:如果要定义带属性的块,必须要先完成属性定义后,才能定义块。

【命令】

命令行:**ATTDEF**

下拉菜单:"绘图"→"块"→"定义属性"

在命令输入后,将打开如图 7-4 所示的"属性定义"对话框。

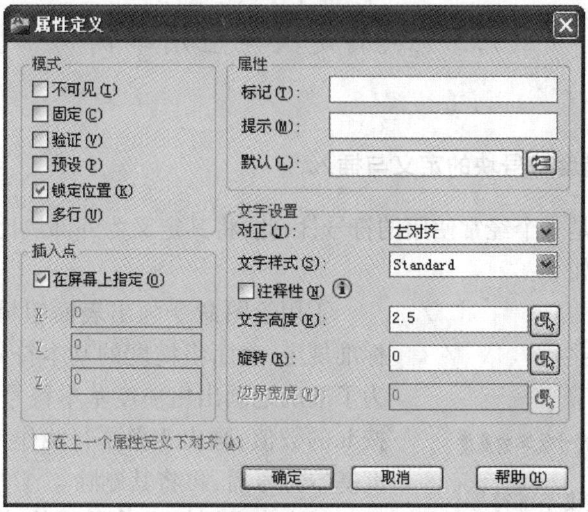

图 7-4 "属性定义"对话框

下面对"属性定义"对话框的内容与设定进行介绍。

①"模式"选项组:用于定义属性显示的模式。其中:

● "不可见":表示属性值不直接显示在图形中。

● "固定":表示属性值是不变的,不能更改。

● "验证":表示在插入时,块的属性值是可以更改的,并由用户验证,一般应选中这种模式。

● "预设":表示在插入时,属性值不变,但可以通过修改属性来修改。

● "锁定位置":是锁定属性在块中的位置,如没有选中,可以用夹点编辑的功能改变属性的位置。

● "多行":是指属性是否包含多行文字。

②"属性"选项组:用于定义块的属性。

● "标记"文本输入框:用于输入文本标记,文本标记不能为空;用于标志图形中每次出现的属性。可以使用任何字符组合(空格除外)来输入属性标记。AutoCAD 将自动把小写字符更改为大写字符。

● "提示"文本输入框:用于输入块插入时,命令行出现的提示信息;如果不输入提示,属性标记将用作提示。

● "默认"文本输入框:用于输入指定的默认属性值。

③"插入点"选项组:用给定插入点的坐标值或用鼠标在屏幕上拾取的方式,确定属性文本在图形中的插入位置,一般应选"在屏幕上指定"方式。

④"文字"选项组:用于确定属性文字的对齐方式、文字式样、字体高度及旋转角度。文字样式系统默认是"Standard"。一般应按前面介绍的文字样式设置的方法,对字体的样式进行设置,然后在文字样式下拉列表框中选中该样式。"注释性"是指是否把块的属性定义为注释性。

⑤"在上一个属性定义下对齐"复选框:选中后,表示在上一个属性文本的下一行对齐,并使用与上一个属性文本相同的文字选项。使用该选项,插入点和文字选项不能再定义。

7.3 块的定义与应用举例

7.3.1 表面粗糙度符号块的定义与插入

表面粗糙度符号是一个经常使用的符号,因此,将其定义为外部块比较好。

其具体操作步骤如下:

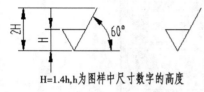

H=1.4h,h为图样中尺寸数字的高度

图7-5 表面粗糙度基本符号

①用绘图命令画出表面粗糙度基本符号,按国家标准规定,表面粗糙度的基本符号尺寸如图7-5所示。为了准确地画出粗糙度基本符号,可以采用偏移命令,按 h 的数值,画出 3 条平行线作为辅助线,在画出粗糙度基本符号后,再将其删除。

②在定义属性之前,用"格式"下拉菜单,对"文字样式"进行定义,新建文字样式"样式1",选用"gbeitc. shx"字体,将字体"宽度因子"设置为"1.0000",如图7-6所示。

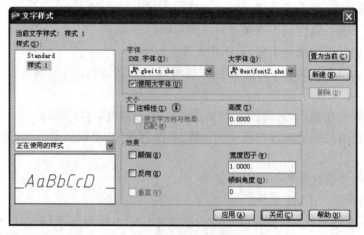

图7-6 "文字样式"对话框

用下拉菜单:"绘图"→"块"→"定义属性"命令,打开"属性定义"对话框。在"模式"选项组中,选定"验证"选项;在"属性"选项组中,在"标记"文本框中输入"6.3",在"提示"文本框中,输入提示"输入粗糙度值"。在"默认"文本框中,输入默认的粗糙度值"6.3"。然后在"插入点"选项框中,用鼠标选取粗糙度符号上面一横的中点为基点;在"文字设置"选项组中,将"对正"方式设置为"居中","文字样式"设置为前面定义的"样式1","文字高度"设置为"5"。最后,单击"确定"按钮,完成属性设置,如图7-7所示。

③定义块。在命令行输入定义外部块的命令:WBLOCK(或 W)↙,打开"写块"对话框,选取粗糙度基本符号的下方顶点作为插入时的基点,选取整个粗糙度符号和标注的值为"对象",然后在"目标"选项组中,设置保存块的路径和文件名。这里,将文件名取为"粗糙度. dwg",最后单击"确定"按钮,即完成粗糙度符号块的创建,如图7-8所示。

④块的插入。以如图7-9所示的零件为例,说明用插入块的方法标注表面粗糙度。

图 7-7　"属性"对话框

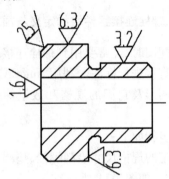

图 7-8　完成"属性定义"的粗糙度符号　　　　　图 7-9　表面粗糙度标注

在完成块的定义后,用插入块的方式来标注表面粗糙度就比较方便了。对图示的零件,要多次使用块插入命令 🖳,才能完成标注。

点击插入命令图标 🖳 打开"插入"对话框,在"名称"中选定定义的图块"粗糙度",对水平标注的,可以按系统的默认设置;如果要标注图中" ⇒ ",应在"角度"文本框中输入"90"。

下面以标注 ⇒ 为例,说明标注的过程:

点击"插入"命令图标 🖳,打开"插入"对话框,对话框的设置如图 7-10 所示。注意角度为"90°",单击"确定"按钮,关闭对话框。

命令提示栏提示:

指定插入点或 [基点(B)/比例(S)/X/Y/Z/旋转(R)]://用鼠标指定插入点;

输入属性值

输入粗糙度值 <7.3>:1.6✓　　　　　　　　//提示输入属性值,括号内的值
　　　　　　　　　　　　　　　　　　　　　　为设置的默认值,在这里应输
　　　　　　　　　　　　　　　　　　　　　　入 1.6;

验证属性值

输入粗糙度值 <1.6>:✓　　　　　　　　　//按"Enter"键,完成插入。

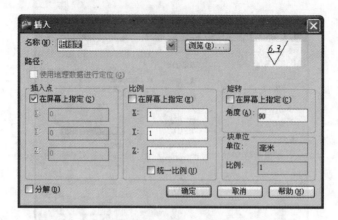

图 7-10　插入对话框

注意：用定义了属性的块进行"插入"时，在"插入"对话框中不要选中"分解"选项。如选中"分解"选项，则定义的属性失效。

7.3.2　螺栓连接组件块的定义与插入

在画装配图时，经常要用到螺栓连接组件。在标注装配图的零件序号时，允许对标准件的规格和数量直接进行标注。利用 AutoCAD 提供的块和为块定义属性的功能，可以将螺栓、垫圈和螺母的图形及它们的规格和数量等信息定义为一个带属性的块。在插入时，输入具体的值。

其具体步骤如下：

①按一定的规格尺寸绘制螺栓、垫圈和螺母的装配图形，并用多重引线标注的方法，画出标注用的引线，如图 7-11 所示。

②在定义属性之前，用"格式"下拉菜单对"文字样式"进行定义，按前面的"式样 1"对文字样式进行设置和定义。

③定义块的属性。用下拉菜单："绘图"→"块"→"定义属性"命令，打开"属性定义"对话框，在"属性"选项组中，在"标记"文本框中输入"螺栓"。在"提示"文本框中输入提示"输入螺栓规格值"。在"值"文本框中，输入默认值"螺栓 M12×40　GB/T 5782"。然后在"插入点"选项框中，用鼠标选取第一行左边合适的点为基点；在"文字"选项组中，将"对正"方式设置为"左对齐"，"文字样式"设置为前面定义的"样式 1"，"文字高度"设置为"5"。最后，单击"确定"按钮，完成属性设置。

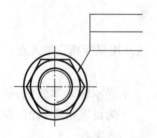

图 7-11　螺栓连接组件图

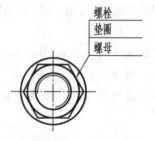

图 7-12　完成"属性定义"的螺栓连接组件图

重复运用"定义属性"的命令，对垫圈和螺母的属性进行定义。对垫圈，其"标记"为"垫圈"，其"值"为"垫圈12　GB/T 95";对螺母,其"标记"为"螺母",其值为"螺母 M12　GB/T 41",完成"属性定义"的螺栓组件图形如图7-12所示。

④定义块。在命令行输入定义外部块的命令:WBLOCK(或 W),打开"写块"对话框,选取图形螺栓连接组件的中心点作为插入时的基点,选取整个图形为"对象",然后在"目标"选项组中设置保存块的路径和文件名。这里将文件名取为"螺栓连接图块.dwg"。最后单击"确定"按钮,即完成螺栓连接图块的创建。

⑤插入。现在假定在需要插入螺栓组件的装配图上,螺栓的实际长度为"60",螺母和垫圈的规格与设置的默认属性值相同,其数量均为6个。用插入块的方式完成螺栓连接组件的绘制和标注。

输入块插入命令🔡,打开"插入"对话框。用"浏览"的方式,找到并打开保存的"螺栓连接图块.dwg"文件,然后单击"确定"按钮,关闭"插入"对话框。

命令提示栏提示:

指定插入点或〔基点(B)/比例(S)/X/Y/Z/旋转(R)〕:　　　　//用鼠标指定插入点;
输入属性值
螺母 ＜螺母12　GB/T 41＞:**6×螺母12　GB/T 41** ✓　　//输入螺母的规格和数量;
垫圈 ＜垫圈12　GB/T95＞:**6×垫圈12　GB/T 95** ✓　　//输入垫圈的规格和数量;
螺栓 ＜螺栓 M12×40　GB/T 5782＞:**6×螺栓 M12×60　GB/T 5782** ✓
　　　　　　　　　　　　　　　　　　　　　　//输入螺栓的规格和数量。

插入后的效果如图7-13所示。

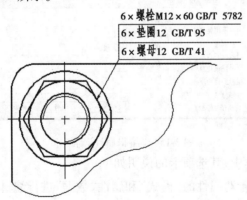

图7-13　螺栓组件图块插入后的效果

7.4　图块属性的修改

在完成块的属性定义后,还可以按需要对定义的属性进行修改。

(1)用"块属性管理器"对块的属性进行修改
该命令必须是在当前绘图窗口中,有采用块的图形时才能执行。

【命令】

下拉菜单："修改"→"对象"→"属性"→"块属性管理器"

输入命令后，打开"块属性管理器"对话框，如图 7-14 所示。

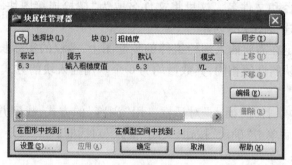

图 7-14　"块属性管理器"对话框

对要修改属性的块，可以单击"选择块"图标，用鼠标选择；也可以在"块"的下拉列表中，选择块名来选择。

单击"编辑"按钮，将打开"编辑属性"对话框，如图 7-15 所示。在该对话框中，有 3 个选项卡，可以对块的属性、文字和特性等内容进行编辑。

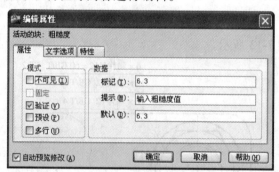

图 7-15　"编辑属性"对话框

在"编辑属性"对话框中，其选项卡的说明如下：

①"属性"选项卡：用于对属性的"模式"和属性"数据"进行编辑。

②"文字选项"选项卡：可以对文字样式、字体高度、对正的方式等内容进行修改。

③"特性"选项卡：用于对图层、线型等进行编辑。

（2）用"增强属性编辑器"快速编辑

用鼠标双击插入的带属性的块，可以打开"增强属性编辑器"，如图 7-16 所示。

在"增强属性编辑器"对话框的"属性"选项卡中，可以在"值"文本输入框中，对当前选中的属性值进行修改和编辑。"文字选项"选项卡和"特性"选项卡与"编辑属性"对话框相同。

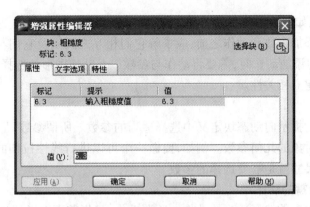

图 7-16 "增强属性编辑器"对话框

7.5 动态块

AutoCAD 中的图块功能,给绘图设计带来了很大的方便。但是在图块的插入中,如果需要对图块进行放大、缩小、移动及拉伸等,还不是很方便。例如,像螺栓这样的标准件,在机械设计绘图中是经常使用的,在螺栓的国家标准中,同一种基本的规格尺寸,其长度是可以根据使用的具体情况进行选择的。如果能将螺栓作成图块,在插入时,其长度还可以根据需要在规定的尺寸范围内进行选择,无疑将给机械设计绘图带来极大的便利。

在 AutoCAD 2006 和以后的版本中,提供了"动态块"的功能。所谓动态块,是一种特殊设计的块,可以按设计和应用的要求,在块中增加一些可变的特性。通过自定义夹点或自定义特性来操作动态块参照中的几何图形,实现块图形的在位调整。例如,前面列举的螺栓的例子,可以将螺栓的长度部分设计成为可以拉伸的,甚至其直径也可以设计为可以改变的,在块插入时,按实际设计的需要选定螺栓的长度和直径。

在动态块中,有一个基本的要求或概念是:要成为动态块的块必须至少包含一个参数以及一个与该参数关联的动作。

7.5.1 创建动态块的过程

在设计动态块时,应对块的使用事先有一个全面的考虑。选出在使用时需要改变的图形参数和图形参数改变的方法,即动作。同时还要考虑图形参数改变时,图形对象之间的相关性,应将相关的图形对象也考虑进去。为了创建高质量的动态块,达到预期效果,建议按照下列步骤进行操作:

(1)在创建动态块之前规划动态块的内容

在创建动态块之前,应考虑图块图形的构成以及在绘图中的使用方式。例如,在插入动态块时,哪些图形对象需要改变,如何改变,等等。

(2)绘制几何图形

在绘图区域或动态块编辑器中,绘制动态块中的几何图形,可以使用图形中的现有几何图形或现有的块对定义进行修改。

（3）了解块元素如何共同作用

在向块定义中添加参数和动作之前，应了解它们相互之间以及它们与块中几何图形的相关性。在向块定义中添加动作时，需要将动作与参数以及几何图形的选择集联系起来，使选择集的图形元素之间建立相关性。

（4）选择参数

按照命令行上的提示向动态块定义中选择适当的参数。所谓参数，是指在动态块中，需要改变或变换的图形对象的几何参数。例如，要做一个可以进行线性拉伸的块，则图形中，与拉伸方向相关的图形尺寸就是需要选择的参数。

（5）选择参数所需的动作

给动态块定义的参数选择适当的动作。所谓动作，是指前面选择的参数在块插入后，按设计要求进行改变时，所需要的动作的形式。例如，可以是拉伸、旋转等，要确保将动作与正确的参数和几何图形相关联。

（6）保存块的定义，然后在图形中进行测试

保存动态块定义并退出块编辑器，然后将动态块插入一个图形中，并测试该块的功能。如达不到要求，应返回块编辑器进行修改。修改完成后，再进行测试，直到完成。

7.5.2 创建动态块举例

动态块的创建，是 AutoCAD 中比较难的内容。下面列举几个例子来说明如何创建动态块。

（1）创建一个移动的动态块

块移动的动作比较简单，在创建成功插入图形后，不需要使用"移动"命令，即可对图块进行移动的操作。在创建过程中，也不要任何动作。主要是通过下面过程，使初学者对动态块的创建有一个初步的认识。

①在下拉菜单"工具"中，选中"块编辑器"。打开"编辑块定义"对话框，在"要创建或编辑的块"中，输入块的名称，这里输入"移动"。单击"确定"按钮，如图 7-17 所示。进入"块编辑器"界面，如图 7-18 所示。

"块编辑器"标题栏如图 7-19 所示，其主要图标和功能介绍如下：

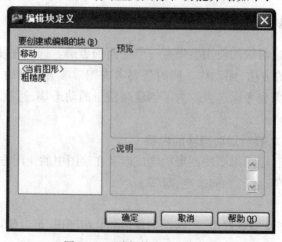

图 7-17　"编辑块定义"对话框

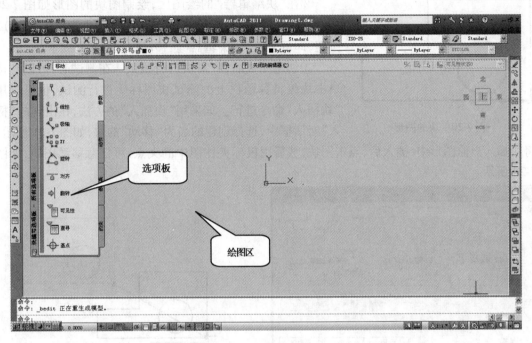

图 7-18　"块编辑器"界面

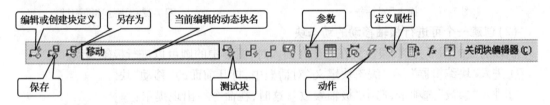

图 7-19　"块编辑器"标题栏

- "编辑或创建"：编辑或新建动态块。
- "保存"：将动态块保存在当前路径中。
- "另存为"：将动态块"另存为"，这里只是对已有的块另外取一个名字进行保存。
- "测试块"：动态块设置完成后，单击"测试块"按钮进入块的测试窗口。
- "参数"：单击"参数"按钮，在命令栏会出现可以选择的参数类型。
- "动作"：单击"动作"按钮，在命令栏会出现可以选择的动作类型。
- "定义属性"：单击该按钮，在出现的"属性定义"对话框中，对块的属性进行定义。

在块编写选项板中，有 4 个选项卡：

- "参数"选项卡：用于设置动态块选定图形对象的动作参数，如线性移动、极轴移动等。
- "动作"选项卡：用于设置动态块选定图形对象动作参数所对应的动作形式，如缩放、拉伸等。
- "参数集"选项卡：用于设置动态块动作参数的值。这种值通常是由一组预定义的数值构成，如螺栓的长度参数。
- "约束"选项卡：是进行参数化绘图的工具，用于设置图像对象之间的几何约束关系。

163

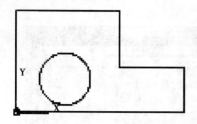

图 7-20　块的图形

②在"块编辑器"的绘图区,绘制图块的图形如图 7-20 所示。单击"保存"按钮 🖫,然后单击"关闭块编辑器(C)"按钮,即可关闭"块编辑器"。移动块就创建完成了。

③创建完成后,应对块进行测试。在测试时,可以直接单击块编辑标题栏上的测试块图标 🖳 进行测试,也可以用"块插入"命令进行。如采用"块插入"的方法,在出现的"插入"对话框中,选择创建的名为"移动"的块,如图 7-21 所示。

将块插入当前图形中,插入后,点击图块,然后用鼠标夹住图中的夹点,可任意移动图块,如图 7-22 所示。

图 7-21　"插入"对话框

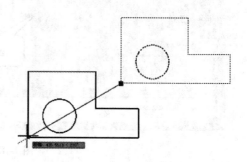

图 7-22　块的移动测试

(2)创建一个可进行极轴移动的动态块

仍以前面的图形为例,假设现在希望在插入时,图形中的圆可以进行极轴移动。

①进入"块编辑器",在"编辑块定义"对话框中,打开前面的"移动"块。

②进入"参数"选项卡,选中"极轴参数",这时,在命令栏出现提示:

命令:_BParameter 极轴

指定基点或［名称(N)/标签(L)/链(C)/说明(D)/选项板(P)/值集(V)］:

　　　　　　　　　　　　　//选择多边形的左下角作为基点;

指定端点:　　　　　　　　//选择圆的圆心为端点;

指定标签位置:　　　　　　//拖动鼠标,指定标签放置的位置,如图 7-23 所示。

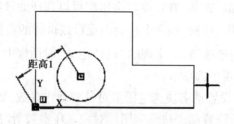

图 7-23　参数选择和设置

③打开"动作"选项卡,对移动的动作进行设置。

单击"移动"命令图标 ✥,命令栏提示:

命令:_BActionTool 移动

选择参数：　　　　　　　　　　　　　　//选择标注的"距离"参数；
指定要与动作关联的参数点或输入［起点(T)/第二点(S)］＜第二点＞：
　　　　　　　　　　　　　　　　　　　//选择圆心；

指定动作的选择集
选择对象：找到 1 个　　　　　　　　　　//由于只是移动圆，因此，在这里应选择圆。

设置完成后，会出现移动的动作符号，如图7-24所示。
设置完成后，保存图块，并关闭"块编辑器"。
④测试：用"块插入"命令，将刚才的块插入当前的绘图窗口中，单击圆，在圆心处会出现夹点，可以用鼠标拖动圆，如图7-25所示。

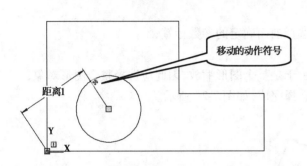
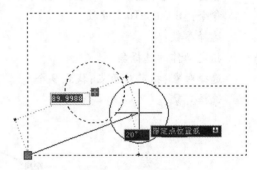

图 7-24　设置动作　　　　　　　　　　　　　图 7-25　圆的移动测试

如果希望对圆移动的范围进行限制，如极轴的长度和转动的角度范围，可以在块编辑器中定义参数时，选中"值集(V)"选项，在其中对极轴角度的变化方式和范围进行定义。

例如，定义圆心所在的极轴长度变化范围为 20～100，长度增量为10；圆心所在角度变化范围为 30°～60°，角度增量为10°。在选中"参数选项板"中的"极轴参数"后，操作如下：

命令：_BParameter 极轴
指定基点或［名称(N)/标签(L)/链(C)/说明(D)/选项板(P)/值集(V)］：v↙
　　　　　　　　　　　　　　　　　　　//使用值集(v)选项；
输入距离值集合的类型［无(N)/列表(L)/增量(I)］＜无＞：I↙
　　　　　　　　　　　　　　　　　　　//选择增量的方式；
输入距离增量：**10**↙　　　　　　　　　//输入距离增量为10；
输入最短距离：**20**↙　　　　　　　　　//输入极轴最短距离；
输入最长距离：**100**↙　　　　　　　　//输入极轴最大距离；
输入角度值集合的类型［无(N)/列表(L)/增量(I)］＜无＞：I↙
　　　　　　　　　　　　　　　　　　　//选择增量的方式；
输入角度增量：**10**↙　　　　　　　　　//输入角度增量为10；
输入最小角度：**30**↙　　　　　　　　　//输入角度最小值；
输入最大角度：**60**↙　　　　　　　　　//输入最大角度值。

以上设置完成后，按前面讲过的方法，进行极轴参数和动作参数的设置即可。读者可以自己完成。上述修改，也可以在特性中进行更改。

(3)创建一个缩放动态块

仍以前面的图形为例,创建一个在插入时可以整体缩放的块。其具体操作如下:

①打开"参数"选项卡,选择"线性"参数命令后,命令提示行提示:

命令:_BParameter 线性

指定起点或 [名称(N)/标签(L)/链(C)/说明(D)/基点(B)/选项板(P)/值集(V)]:
　　　　　　　　　　　　　　　　//指定多边形左下角为起点;

指定端点:　　　　　　　　　　　　//指定端点;

指定标签位置:　　　　　　　　　　//指定标签放置的位置。

②打开"动作选项板",选择"缩放动作命令"后,命令提示行提示:

命令:_BActionTool 缩放

选择参数:　　　　　　　　　　　　//选择前面确定的参数标签;

指定动作的选择集

选择对象:指定对角点:找到 9 个　//由于是整个图形缩放,因此应选择整个图形对象;

选择对象:↙　　　　　　　　　　　//选择完成,如图 7-26 所示。

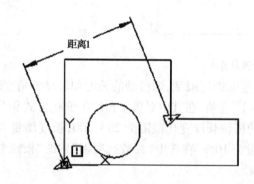

图 7-26　设置参数和动作

设置完成后,保存块,关闭块编辑器。

③测试:将块插入当前绘图窗口,选中块后,移动夹点,整个图形同步进行缩放,如图 7-27
所示。

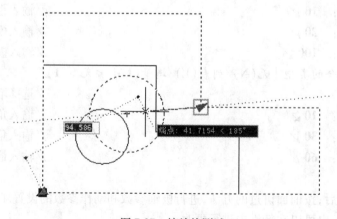

图 7-27　缩放块测试

（4）创建一个拉伸块

下面以创建一个长度从 60 到 120、增量为 5 的六角螺栓为例，说明创建的方法。

①进入块编辑器，按标准将六角螺栓画好。

②打开"参数"选项卡，选择"线性"参数命令后，系统提示：

命令：_BParameter 线性

指定起点或［名称(N)/标签(L)/链(C)/说明(D)/基点(B)/选项板(P)/值集(V)］:**v**✓

　　　　　　　　　　　　　　　　//使用"值集(V)"选项；

输入距离值集合的类型［无(N)/列表(L)/增量(I)］＜无＞:**I**✓

　　　　　　　　　　　　　　　　//选择增量选项；

输入距离增量：**5**✓　　　　//输入增量值；

输入最短距离：**60**✓　　　//输入最小长度值；

输入最长距离：**120**✓　　//输入最大长度值；

指定起点或［名称(N)/标签(L)/链(C)/说明(D)/基点(B)/选项板(P)/值集(V)］:

　　　　　　　　　　　　　　　　//指定起点；

指定端点：　　　　　　　　　　//指定端点；

指定标签位置：　　　　　　　　//指定标签位置。

设置完成后，如图 7-28 所示。

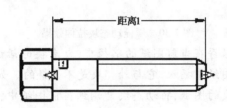

图 7-28　螺栓拉伸参数设置

③打开"动作"选项卡，选择"线性"拉伸命令后，命令提示栏提示：

命令：_BActionTool 拉伸

选择参数：　　　　　　　　　　//选择距离标签；

指定要与动作关联的参数点或输入［起点(T)/第二点(S)］＜第二点＞：

　　　　　　　　　　　　　　　　//选择螺栓端点；

指定拉伸框架的第一个角点或［圈交(CP)］：

　　　　　　　　　　　　　　　　//用窗选的方式，以螺纹之后合适点为第一个角点；

指定对角点：　　　　　　　　　//应包括整个螺纹部分；

指定要拉伸的对象

选择对象:指定对角点:找到 14 个　//用窗交的方法，从刚才窗选的右下角开始，向左上

　　　　　　　　　　　　　　　　角进行选择；

选择对象:✓　　　　　　　　　//完成选择；

指定动作位置或［乘数(M)/偏移(O)］：

　　　　　　　　　　　　　　　　//指定动作位置。设置完成如图 7-29 所示。

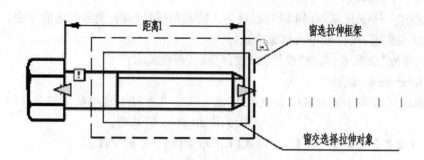

图 7-29　螺栓拉伸块的动作定义

保存块,关闭块编辑器。

④测试:将块插入当前绘图窗口,选中后,光标选中螺栓右端夹点,就可以拉伸了,效果如图 7-30 所示。

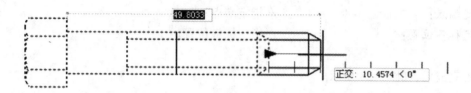

图 7-30　螺栓动态块拉伸效果

注意:动态块的保存是保存在当前图纸的路径中,或者换句话说,动态块并不是一个单独的文件,不能直接在其他的图纸中插入,它与外部块是不一样的。如果要在其他的图纸中使用动态块,应先打开包含动态块的图纸,将动态块复制到当前图纸中,才能进行插入。如果在保存动态块时选择"文件"中的"另存为",是保存动态块的图形,并不能保存动态块的特性。

对动态块动态参数的更改,也可以在"特性"中进行。

7.6　外部参照

外部参照是把已有的其他图形链接到当前图形文件的一种方法。与插入"外部块"有相似的地方。其区别在于:插入"外部块"是将块的图形数据全部插入当前图形中,成为当前图形的一部分,而外部参照只是记录参照对象的路径关系,被插入的图形数据并不直接加入当前图形中。因此,相对于插入块来说,外部参照可使当前图形文件较小,尤其是参照图形文件较大时,更是如此。另外,作为外部参照的图形一旦被修改,则当前图形将会自动更新。如果在采用外部参照后,又在当前窗口对参照的图形进行了编辑和更改,在保存编辑后,则所参照的图形也会更改。参照可以是多重参照。

在多人同时进行设计的情况下,采用外部参照,可以将他人对参照图形设计的修改,及时地反映到自己当前的图纸中来。

（1）附着外部参照

【命令】

命令行：**XATTACH**

下拉菜单："插入"→"DWG 参照"

输入命令后，将打开"选择参照文件"对话框。在对话框中，选择要附着的图形文件，如图 7-31 所示。

图 7-31　"选择参照文件"对话框

单击"打开"按钮，则打开"附着外部参照"对话框，如图 7-32 所示。

图 7-32　"附着外部参照"对话框

在"附着外部参照"对话框中，其选项卡说明如下：

①"参照类型"选项组：用于确定参照的类型。"附着型"选项：是在多重嵌套参照的情况下，可以显示出所有的嵌套情况。"覆盖型"选项则仅显示直接参照的情况，不显示直接参照中的嵌套的参照内容。如果没有多重嵌套参照，仅是一次参照，则两者的情况是一样的。

②"插入点""比例"和"旋转"选项组：可以分别指定插入点的位置，插入的比例和旋转的角度。

③"路径类型"选项组:用于控制显示路径的类型,可选择"完整路径""相对路径"和"无路径"。

注意:当需要对被参照的图形进行修改时,可采用两种方法:第1种是打开被参照的图形对其进行修改,修改后参照图形会自动更新;第2种是在参照图形中直接进行修改,单击"在位编辑参照"按钮 ,或在"工具"下拉菜单中,选择"在位编辑参照",即可对参照图形进行修改,修改后保存参照编辑即可。注意这时被参照图形已被修改。

(2)附着 DWF 参考底图和光栅图像

在 AutoCAD 中,DWF 底图和光栅图像可以像外部参照一样附着到 AutoCAD 图形文件中。DWF 格式文件是一种从 DWG 文件创建的压缩文件格式,易于在 Web 上发布和查看。

(3)管理外部参照

使用"外部参照"选项板可以附着、组织和管理所有与图形相关联的参照文件,可以附着和管理参照图形(外部参照)、附着的 DWF 参考底图和插入的光栅图像。

在"插入"下拉菜单中,选中"外部参照"。打开"外部参照"选项板,单击"外部参照"选项板上方的"附着"按钮 ,可以附着新的文件参照或刷新现有参照。

单击"文件参照"右边的两个图标,可以在列表模式或树状图模式之间切换,管理现有的文件参照。

"详细信息"可以查看关于每个文件参照的信息或预览。

在"预览"模式下,将显示选定参照文件的略图图像,如图 7-33 所示。

当附着多个外部参照时,在外部参照列表框中的文件上右击,将弹出如图 7-34 所示的快捷菜单。其选项说明如下:

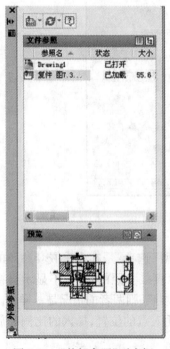

图 7-33 "外部参照"列表框

图 7-34 管理外部参照

①"打开":可在新建窗口中打开选定的外部参照进行编辑。

②"附着":打开"外部参照"对话框,进行附着操作。

③"卸载"和"重载":"卸载"可从当前图形中移走不需要的外部参照文件,但移走后仍保留该文件的参照路径,必要时还可参照。"重载"可在不退出当前图形的状态下,更新外部参照文件。

④"拆离":从当前图形中将外部参照完全删除。

⑤"绑定":将外部参照转换为块插入当前图形中。

(4)用外部参照画装配图的方法

采用外部参照画装配图,是一种比较方便的方法。但在装配图中,一般要对参照的图形进行一些编辑和修改,如删除一些多余的线条、修改剖面线的方向等。由于对外部参照的修改将会影响原图形,因此,必须将被参照的图形完全地插入当前的图形中。其方法是:在将参照图形附着到当前图形中后,在图 7-34 的界面状态下,对选择的图形选中"绑定"选项;在选中后,参照的图形就作为一个图块插入当前图形中。如果要对图形进行编辑,要用"分解"命令对图块进行分解,然后可以对其进行修改和编辑。在进行"绑定"操作后,参照图形与原图就没有联系了。

7.7 AutoCAD 设计中心简介

AutoCAD 的设计中心为用户提供了一个集成化的图形组织和管理工具,它有着与 Windows 资源管理器类似的界面和作用。利用设计中心,用户可以浏览本地系统、网络驱动器和访问 Internet。在 AutoCAD 设计中心,只要拖动鼠标,就能轻松地将其他图形中的图层、线型、图块、文字样式、标注样式、布局、图形等复制到当前图形文件中。利用设计中心的"查找"工具,可以方便地查找已有图形文件、图块、文字样式、标注样式等的位置。

(1)启动 AutoCAD 设计中心

启动 AutoCAD 设计中心的方法有 3 种:

【命令】

工具栏:"标准"工具栏中的"设计中心"图标按钮▦

命令行:**ADCENTER**

下拉菜单:"工具"→"设计中心"

输入该命令后,AutoCAD 设计中心启动,显示设计中心窗口,如图 7-35 所示。

(2)AutoCAD"设计中心"窗口

下面对"设计中心"窗口各选项卡功能简要介绍如下:

①"文件夹"选项卡:用于在树状图中显示本地和网络驱动器中的所有资源。包括以下 4 个区:

● 树状视图区:用树状目录显示本地和网络驱动器中的所有资源。

● 内容显示区:用于查看打开图形和其他图形文件的内容。

● 预览区:用于显示所选图形文件的预览图像。

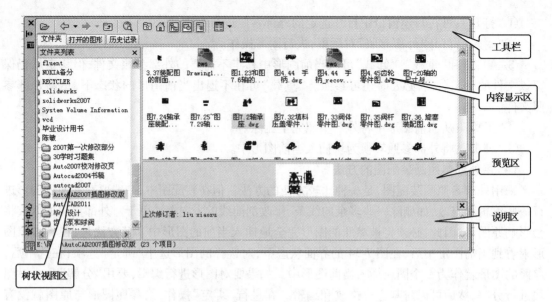

图 7-35 "设计中心"对话框

● 说明区：用于显示所选图形文件的说明文字。

②"打开的图形"选项卡：用于在树状图区显示当前 AutoCAD 环境中打开图形的设置情况，如文字样式、图层、标注样式等，同样包括上面所述的 4 个区。

③"历史记录"选项卡：用于在树状图区显示用户曾编辑过的图形。

在 AutoCAD"设计中心"工具栏中的功能按钮：

● "加载" ：用于从 Windows 桌面、收藏夹或通过 Internet 向"内容显示区"中加载内容。

● "上一页" ：向上翻屏。

● "下一页" ：向下翻屏。

● "上一级" ：用于显示上一级内容。

● "搜索" ：单击该按钮，将打开"查找"对话框，可以在对话框中查找图形文件，以及图形文件中的图层、线型、图块、文字样式、标注样式等。

（3）AutoCAD 设计中心的应用

1）应用 AutoCAD 设计中心打开文件

在 AutoCAD 设计中心中，双击图形文件可以打开下级目录树。如果要通过设计中心在绘图区打开图形文件，则应在"内容显示区"中，在要打开的图形文件上，单击鼠标右键，然后在弹出的快捷菜单中选择"在应用程序窗口中打开"，则所选择的图形文件就在绘图区打开了。

2）利用 AutoCAD 设计中心插入图形文件

利用 AutoCAD 设计中心，可以将已有的图形文件作为图块插入当前图形中。其方法是在"内容显示区"中，用鼠标单击要插入的图形文件（这时，在预览区可以看到要插入的图形文件）。然后，在该图形文件处，按住鼠标左键将其拖曳至绘图区后松开。此时，命令行会出现提示，提示的内容与插入图块命令相同，按照插入图块命令的方法执行即可。

注意：拖动图形文件到 AutoCAD 绘图区，是将该文件作为一个图块插入当前图形中。因此，欲编辑该图形文件要先将其用分解命令分解，然后进行编辑。

3）利用 AutoCAD 设计中心插入图纸设置要求

利用 AutoCAD 设计中心，可以把已有图形文件中的图纸设置要求，如图层、线型、文字样式、标注样式及外部参照等插入当前图形中。其具体的方法是，在设计中心内容区中找到相应的内容后，将其拖曳至当前打开的图形绘图窗口即可。如果想一次插入多个对象，可以按住"Shift"键选取多个对象，一起拖曳至绘图区。

7.8 工具选项板

工具选项板是 AutoCAD 2004 以后版本新增的一个工具。它提供了组织、共享和进行块的插入及填充图案的快捷有效方法。在 AutoCAD 2004 以后的版本中，其功能逐步得到了增强。

(1）打开工具选项板的方法

【命令】

标准工具栏："标准工具栏"中的"工具选项板"命令图标按钮

命令行：TOOPALETTES

下拉菜单："工具"→"选项板"→"工具选项板"

在输入命令后，将打开"工具选项板"，如图 7-36 所示。

(2）工具选项板的主要功能

经过改进和增强，工具选项板的主要功能是可以快速、方便地实现机械、建筑和电力等专业的一些常用符号和图块的插入。其中，机械部分的标准件图块都是以动态块的形式建立的，可以根据使用的场合进行灵活的变化，使用非常方便，可以大大地提高设计绘图的效率。

单击工具板"特性"按钮，在出现的特性菜单中，列出了对工具板的所有操作命令。在选项板标题上，单击鼠标右键，会出现所有工具板的名称，如图 7-36 所示。

作为机械设计绘图，工具板中的"机械"选项板是很有用的，选择"机械"工具板，里面有包括内六角螺栓、六角螺母在内的几个常用标准件动态图块。下面以插入螺母为例，说明其操作的方法。

用鼠标左键单击"机械"选项卡中的"六角螺母"图标，按住鼠标左键，将其拖曳至所需的位置。然后，选中插入的螺母，在螺母

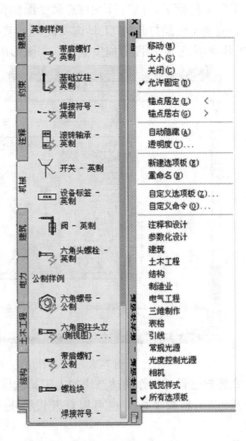

图 7-36 "工具选项板"

173

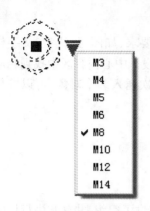

图 7-37 螺母的插入

的旁边出现向下的三角形,单击该三角形,会出现螺母的尺寸列表。在列表中,选中所需的尺寸即可,如图 7-37 所示。

单击"工具选项板"标题栏上的"特性"按钮 。在出现的快捷菜单中,选择"新建工具选项板",可以按需要创建新的"工具选项板"。

在"特性"中的其他选项(如"移动""大小"等)功能,可以实现调整"工具选项板"显示的大小和位置的变化。

注意: AutoCAD 工具板中的公制标准件有的画法与我国现行制图标准不符,如内六角螺栓的螺纹部分是用虚线画的。但这个可以进行更改,方法是将螺栓插入当前绘图窗口中,然后打开"块编辑器",用鼠标双击图中的虚线,在出现的"特性"工具栏中,对线型进行更改。然后,保存文件,退出"块编辑器"即可。这时可以看出,机械工具板中内六角螺栓的图形已经进行了更改。

(3)向"工具选项板"中添加工具

工具选项板还有一个很有用的功能是可以按自己绘图的需要,向其中加入新的工具。可以使用以下方法向"工具选项板"中添加工具:

①单击标准工具栏"设计中心"命令图标按钮 ,打开"设计中心"。将图形、外部块从设计中心拖曳至已经打开的"工具选项板"上,就完成了工具的添加,如图 7-38 所示。将已添加到"工具选项板"中的图形拖曳至另一个图形中时,图形将作为图块插入。

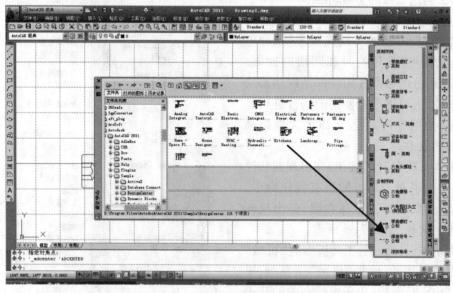

图 7-38 从"设计中心"向"工具选项板"添加工具

②将自己设计制作的动态块加入工具选项板的方法是:对单独保存的动态块,可以从设计中心拖入"工具选项板";也可以打开设计的动态块,然后选中动态块,用鼠标拖入工具板即可。

③使用"剪切""复制"和"粘贴"可以将一个"工具选项板"中的工具移动或复制到另一个

"工具选项板"。

④用鼠标右键单击设计中心树状图中包含"图块"的文件夹,或在图形绘制中采用了块插入的方式绘制的图形文件,然后在鼠标右键的快捷菜单中选中"创建工具选项板",可以创建包含了该图形文件中所有图块的"工具选项板"。

(4) 工具板和工具的删除

当需要删除某一个工具板时,将光标移动到选项板右边的标题区,单击鼠标右键,在弹出的快捷菜单中,选择"删除工具选项板"即可。

删除工具板中一个工具的操作与删除工具板的操作类似,将鼠标指向要删除的工具图标,单击鼠标右键,在出现的快捷菜单中,选择"删除"即可。

上机练习与指导(九)

1. 创建外部块

用本章学习的创建图块的方法,练习创建表面粗糙度图块和形位公差基准代号图块,创建的图块为外部块,并将表面粗糙度值和形位公差的基准代号字母定义为图块的属性。

形位公差基准代号的画法如图7-39所示。按国家标准规定,不论基准代号在图样中的方向如何,圆圈内的字母都应水平书写。

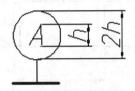

h为图样中尺寸数字的高度,横线的长度约为2h,线宽为2b,b为图样中粗实线线宽

图7-39 形位公差基准代号

要求:

创建粗糙度和形位公差基准符号的外部块,用块插入的方法,完成如图7-40所示中基准代号和表面粗糙度的标注,完成后将文件存盘。

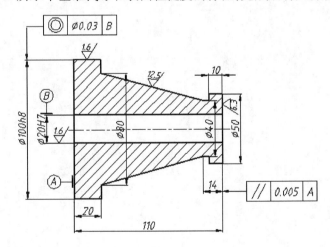

图7-40 块插入练习

2. 创建圆柱销的动态块

圆柱销的基本图形如图7-41所示。制作的尺寸范围为:直径 $\phi 6 \sim \phi 16$,增量2;长度10~60,增量10。

要求：

圆柱销的直径和长度在插入时都可以在规定的尺寸范围内选择。测试成功后,将其加入"工具选项板"。

作业指导：

设计的基本步骤可以参考前面的例子进行。由于圆柱销的直径和长度都可以动态改变,故是两个方向的线性拉伸问题,应将直径的变化和长度的变化分开来考虑。在插入后选择时,也应直径参数和长度参数分别进行。

参数应选择"线性参数",动作应选择"拉伸动作"。在设计时,可以先设计一个方向的拉伸,测试成功后,再设计另一个方向的拉伸。尺寸的变化,在参数的"数集"中输入。

设计好的圆柱销动态块如图 7-42 所示。

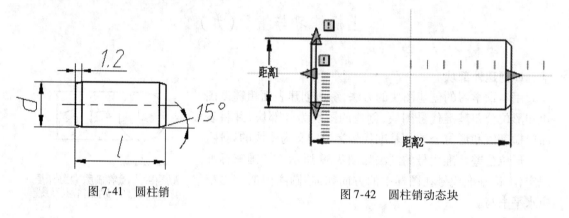

图 7-41　圆柱销

图 7-42　圆柱销动态块

第 **8** 章
工程图样的绘制方法

8.1　三视图绘制的一般方法

8.1.1　三视图的形成和投影规律

在绘制机械图样时,将物体向投影面作正投影所得的图形称为视图;在三面投影体系中,得到的物体的 3 个投影称为三视图。其正面投影称为主视图,水平投影称为俯视图,侧面投影称为左视图,如图 8-1 所示。

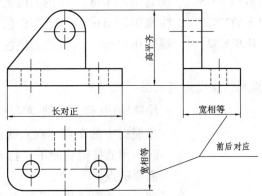

图 8-1　三视图及其投影规律

从图 8-1 中可以得出三视图的投影规律为:

主、俯视图——长对正;

主、左视图——高平齐;

俯、左视图——宽相等,且前后对应。

用 AutoCAD 画物体的三视图时,"长对正""高平齐"比较好保证,但当"宽相等"不能用尺寸来保证时,就必须利用作辅助线或对象追踪的方法来保证。用 AutoCAD 绘制视图时,每个人的习惯不同,画图的先后和调用的命令也不同,这没有统一的规定,但前提是必须保证投影关系。

8.1.2 三视图绘制举例

下面通过绘制如图 8-2 所示轴承座的三视图来说明绘图过程。

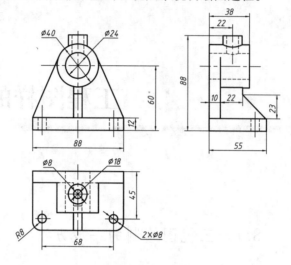

图 8-2 轴承座

(1)设置绘图环境

①设置图幅:297 × 210。

②设置图层:

粗实线层	线型 CONTINUS	线宽 0.5 mm	颜色为白色
细实线层	线型 CONTINUS	线宽 0.25 mm	颜色为白色
点画线层	线型 CENTER2	线宽 0.25 mm	颜色为白色
虚线层	线型 HIDDEN2	线宽 0.25 mm	颜色为白色

(2)绘制主视图

用"图层工具栏"将点画线层设为当前层。

命令: 　　　　　　　//绘制轴线(打开极轴、对象捕捉、对象追踪,并设置对象捕捉中的交点、圆心、线段端点为打开。注意:暂时不用的捕捉功能不要打开,否则会影响准确捕捉需要的点)。

_line 指定第一点:　　　　　　//在适当位置绘制水平轴线;

指定下一点或 [放弃(U)]:

_line 指定第一点:　　　　　　//在适当位置绘制垂直轴线。

指定下一点或 [放弃(U)]:↙

用"图层工具栏"将粗实线层设为当前层。

命令: ⊙　　　　　　　　　　//绘制 φ24,φ40 的圆。

_circle 指定圆的圆心或 [三点(3P)/两点(2P)/相切、相切、半径(T)]:

//捕捉两轴线的交点;

指定圆的半径或［直径(D)］:**D**✓//选择输入直径画圆；

指定圆的直径:**24**✓　　　　　　　//输入圆的直径；

_circle 指定圆的圆心或［三点(3P)/两点(2P)/相切、相切、半径(T)］:

　　　　　　　　　　　　　　//捕捉 ϕ24 的圆心。

指定圆的半径或［直径(D)］:**D**✓

指定圆的直径:**40**✓

其效果如图 8-3(a)所示。

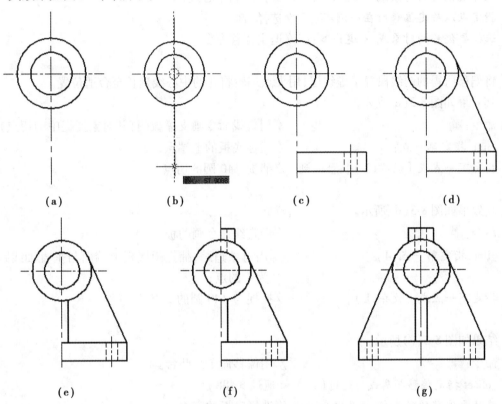

　　(a)　　　　　　　(b)　　　　　　　(c)　　　　　　　(d)

　　(e)　　　　　　　　　(f)　　　　　　　　　(g)

图 8-3　绘制主视图

命令:　　　　　　　　　　//用直线命令画底板的一半。

_line 指定第一点:**60**✓　　//利用对象追踪，捕捉距圆心 60 的点，如图 8-3(b)所示；

指定下一点或［放弃(U)］:**44**✓　//鼠标沿 X 正方向导向，输入距离 44；

指定下一点或［放弃(U)］:**12**✓　//鼠标沿 Y 正方向导向，输入距离 12；

指定下一点或［放弃(U)］:**44**✓　//鼠标沿 X 负方向导向，输入距离 44。

用"图层工具栏"将点画线层设为当前层。

命令:　　　　　　　　　　//用直线命令画底板上孔的轴线。

_line 指定第一点:**34**✓　　//用对象追踪，捕捉距底板与垂直轴线交点为 34 的点；

179

指定下一点或［放弃(U)］:**12** ✓　//画孔的中心线。

命令:🔧　　　　　　　　　　　　//用偏移命令画底板上的孔。
_offset
指定偏移距离或［通过(T)］ ＜通过＞:**4** ✓
选择要偏移的对象或 ＜退出＞:　//选择所画中心线;
指定点以确定偏移所在一侧:　　//选择左侧;
选择要偏移的对象或 ＜退出＞:　//选择所画中心线;
指定点以确定偏移所在一侧:　　//选择右侧;
选择要偏移的对象或 ＜退出＞:✓//退出偏移命令。

将偏移所得的两线段置于虚线层,用夹点编辑将孔的中心线延长至合适位置。
其效果如图 8-3(c)所示。
命令:📏　　　　　　　　　　　　//用直线命令画支撑板(打开对象捕捉中的切点)。
_line 指定第一点:　　　　　　　//捕捉底板的上端点;
指定下一点或［放弃(U)］:_tan 到　//捕捉 ϕ40 圆的切点。

其效果如图 8-3(d)所示。
命令:📏　　　　　　　　　　　　//用直线命令画肋板。
_line 指定第一点:**4** ✓　　　　//用对象追踪,捕捉距底板上端面与垂直轴线距离
　　　　　　　　　　　　　　　　　为 4 的点;
指定下一点或［放弃(U)］:　　　//捕捉与 ϕ40 圆的交点。

结果如图 8-3(e)所示。
命令:🔧　　　　　　　　　　　　//用偏移命令画凸台。
_offset 指定偏移距离或［通过(T)］ ＜通过＞:**88** ✓
选择要偏移的对象或 ＜退出＞:　//选择底板的底边;
指定点以确定偏移所在一侧:　　//向上偏移;
选择要偏移的对象或 ＜退出＞✓//退出偏移命令。

命令:📏　　　　　　　　　　　　//用直线命令画 ϕ18 的主视图。
_line 指定第一点:**9** ✓　　　　//捕捉距垂直轴线为 9 的点;
指定下一点或［放弃(U)］:　　　//捕捉与 ϕ40 圆的交点。
命令:📑　　　　　　　　　　　　//将虚线层设为当前层。
命令:📏　　　　　　　　　　　　//用直线命令画 ϕ8 的主视图。
_line 指定第一点:**4** ✓　　　　//捕捉距垂直轴线为 4 的点;
指定下一点或［放弃(U)］:　　　//捕捉与 ϕ24 圆的交点。

命令：┼　　　　　　　　　　　　　　//用修剪命令修剪凸台上边。

_trim 当前设置：投影 = UCS，边 = 无

选择剪切边…

选择对象：　　　　　　　　　　　//选择 $\phi 18$ 的右边线；

找到 1 个选择对象

选择要修剪的对象，或按住 Shift 键选择要延伸的对象，或 ［投影（P）/边（E）/放弃（U）］：

　　　　　　　　　　　　　　　　//选择凸台上边线多余的部分。

其效果如图 8-3（f）所示。

命令：▥　　　　　　　　　　　　　//用镜像命令镜像对称的图形。

_mirror 找到 11 个　　　　　　　//框选要镜像的对象；

指定镜像线的第一点：　　　　　　//捕捉垂直轴线上端点；

指定镜像线的第二点：　　　　　　//捕捉垂直轴线下端点。

是否删除源对象？［是（Y）/否（N）］ ＜N＞：↙

其效果如图 8-3（g）所示。

(3) 绘制俯视图

为保证俯视图与主视图长对正，应尽量利用对象捕捉追踪功能，使作图过程简化。使用对象捕捉追踪时，应打开状态栏中的极轴、对象捕捉和对象捕捉追踪开关。

用"图层工具栏"将点画线层设为当前层。

命令：╱　　　　　　　　　　　　　//用直线命令画中心线；

_line 指定第一点：　　　　　　　//选取适当位置；

指定下一点或 ［放弃（U）］：　　　//选取适当长度。

命令：▧　　　　　　　　　　　　　//将粗实线层设为当前层。

命令：╱　　　　　　　　　　　　　//用直线命令画底板；

_line 指定第一点：　　　　　　　//利用对象捕捉追踪功能，在俯视图适当位置拾取点，如图 8-4（a）所示；

指定下一点或 ［放弃（U）］：　　　//利用对象捕捉追踪功能，画底板后端面，如图 8-4（b）所示，当然，也可以直接输入距离 88。

命令：╱　　　　　　　　　　　　　//用直线命令画支撑板。

_line 指定第一点：　　　　　　　//利用对象捕捉追踪功能，捕捉距底板后端面 10 的点；

指定下一点或 ［放弃（U）］：　　　//捕捉支撑板与 $\phi 40$ 圆的切点，如图 8-4（c）所示。另一侧相同。

命令：╱　　　　　　　　　　　　　//用直线命令画 $\phi 40$ 的圆柱投影。

_line 指定第一点：　　　　　　　//利用对象捕捉追踪功能，捕捉支撑板上对应的点，如图 8-4（d）所示。

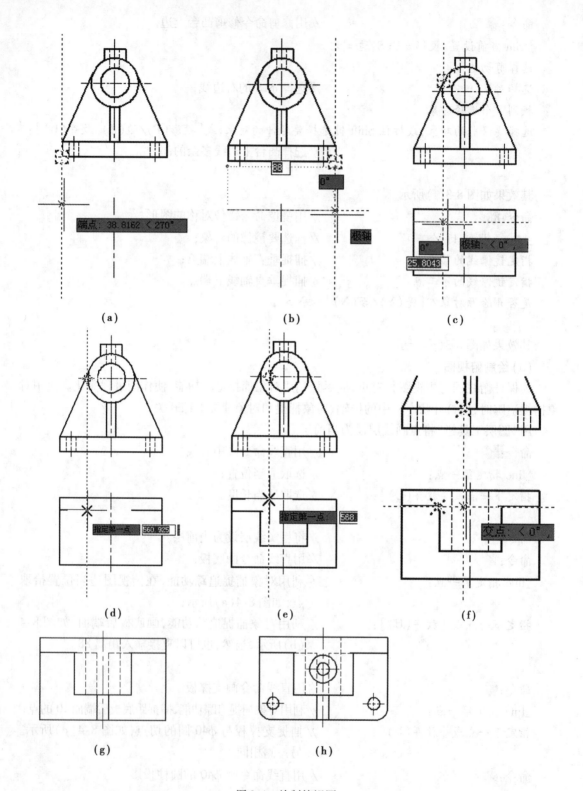

图 8-4 绘制俯视图

指定下一点或 [放弃(U)]:**28** ✓　　　//用鼠标导向,输入圆柱伸出部分的厚度;

指定下一点或 [放弃(U)]:**40** ✓　　　//用鼠标导向,输入圆柱伸出的直径;

指定下一点或 [放弃(U)]:　　　　　　//捕捉与支撑板的交点。

用"图层工具栏"将虚线层设为当前层。

命令:▨　　　　　　　　　　　　　//用直线命令画 φ24 的圆柱,方法同上,如图 8-4(e)
　　　　　　　　　　　　　　　　　　所示。

命令:▨　　　　　　　　　　　　　//用直线命令画肋板。先将支撑板上一段虚线画
　　　　　　　　　　　　　　　　　　出,然后画肋板,如图 8-4(f)所示。

命令:▨　　　　　　　　　　　　　//用修剪命令修剪不要的虚线。

用"图层工具栏"将粗实线层设为当前层。

命令:▨　　　　　　　　　　　　　//用直线命令画肋板上看得见的线,如图 8-4(g)
　　　　　　　　　　　　　　　　　　所示。

命令:◉　　　　　　　　　　　　　//用画圆命令,画 φ18 和 φ8 的圆。

_circle 指定圆的圆心或 [三点(3P)/两点(2P)/相切、相切、半径(T)]:**22** ✓
　　　　　　　　　　　　　　　　　　//用鼠标导向,在轴线上捕捉距底板后端面 22
　　　　　　　　　　　　　　　　　　的点;

指定圆的半径或 [直径(D)]:**D** ✓　　//选择输入直径画圆;

指定圆的直径:**18** ✓　　　　　　　//输入直径。

重复命令,画 φ8 的圆。

命令:▨　　　　　　　　　　　　　//用偏移命令画底板上两孔的中心线。

_offset 指定偏移距离或 [通过(T)]:**45** ✓
　　　　　　　　　　　　　　　　　　//输入偏移值;

选择要偏移的对象或 <退出>:　　　//选择底板后端线为偏移对象;

指定点以确定偏移所在一侧:　　　　//指定偏移所在一侧;

选择要偏移的对象或 <退出>:　　　//向下偏移。

命令:▨　　　　　　　　　　　　　//继续用偏移命令。

_offset 指定偏移距离或 [通过(T)]:**34** ✓
　　　　　　　　　　　　　　　　　　//输入偏移值;

选择要偏移的对象或 <退出>:　　　//选择轴线;

指定点以确定偏移所在一侧:　　　　//向左偏移;

选择要偏移的对象或 <退出>:　　　//选择轴线;

指定点以确定偏移所在一侧:　　　　//向右偏移;

选择要偏移的对象或 <退出>:✓　　//退出命令。

命令:▢ //用打断命令打断所偏移的实线。

_break 选择对象: //选择合适位置;

指定第二个打断点或 [第一点(F)]: //选择合适位置。

将两线段置于点画线层,用夹点编辑的方法,将偏移的中心线缩短至合适位置。

命令:◉ //用画圆命令画底板上 φ8 孔。

_circle 指定圆的圆心或 [三点(3P)/两点(2P)/相切、相切、半径(T)]:

//捕捉交点;

指定圆的半径或 [直径(D)]:**D**✓ //选择输入直径画圆。

指定圆的直径:**8**✓

重复命令,画另一个孔。

命令:◣ //用圆角命令画底板的圆角。

_fillet 当前设置:模式 = 修剪,半径 = 0.0000

选择第一个对象或 [多段线(P)/半径(R)/修剪(T)/多个(U)]:**R**✓

//选择输入半径画圆角;

指定圆角半径 :**10**✓ //输入半径值;

选择第一个对象或 [多段线(P)/半径(R)/修剪(T)/多个(U)]:

//选择圆角的一条边;

选择第二个对象: //选择圆角的另一条边。

重复命令,画出另一圆角,如图 8-4(h)所示。

(4) 绘制左视图

绘制左视图时,要保证与主视图高平齐以及与俯视图的宽相等。具体作图可采用作辅助线的方式来保证宽相等,也可直接利用尺寸绘图。下面介绍采用作辅助线的方法进行绘图。

命令:╱ //用直线命令画后端面。

_line 指定第一点: //捕捉与底面平齐的点;

指定下一点或 [放弃(U)]: //捕捉 φ40 圆的象限点。

命令:╱ //作 45°辅助线(将极轴追踪设置为 45°),如图 8-5(a)所示。

作一系列辅助线得到底板和圆柱的宽度以及凸台和底板上孔的位置,如图 8-5(b)所示。

命令:⬚ //用复制命令复制主视图中的凸台。

_copy 选择对象: //窗选,选择凸台及虚线孔;

找到 5 个

指定基点或位移,或者 [重复(M)]: //选择 φ40 的象限点;

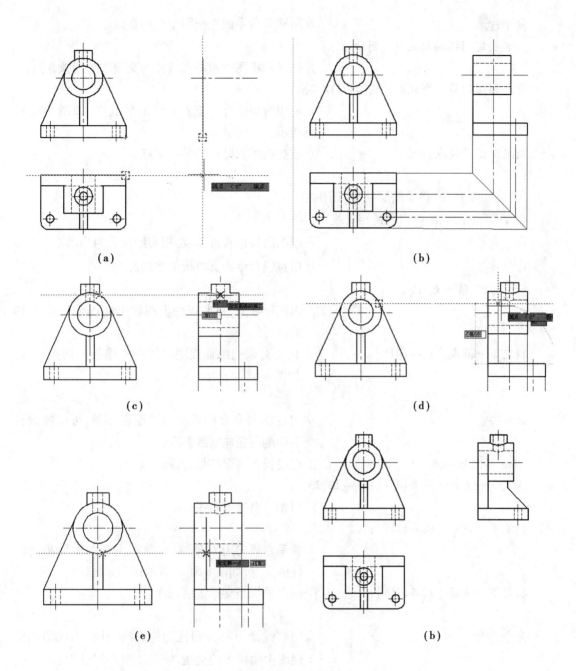

图 8-5　绘制左视图

指定位移的第二点或＜用第一点作位移＞：

　　　　　　　　　　　　　//选择左视图凸台的轴线与φ40 的交点。

重复命令,将底板上孔复制至左视图。

命令：　　　　　　　　　　//用修剪命令修剪多余的线。

命令：　　　　　　　　　　//删除不要的辅助线。

命令:⌒   //用圆弧命令画左视图中的相贯线。

_arc 指定圆弧的起点或 [圆心(C)]:

　　　　　　　　　　　　　　　　　　//捕捉左视图中两垂直圆柱的交点作为圆弧起点;

指定圆弧的第二个点或 [圆心(C)/端点(E)]:

　　　　　　　　　　　　　　　　　　//利用对象追踪捕捉相贯线的最低点,如图 8-5(c)
　　　　　　　　　　　　　　　　　　所示;

指定圆弧的端点: //捕捉两垂直圆柱的另一交点。

用"图层工具栏"将虚线层设为当前层。

重复⌒命令,画出两内孔的相贯线。

命令:▧   //用图层特性管理器,将粗实线层设为当前层。

命令:／   //用直线命令画支撑板的前端面。

_line 指定第一点:**10** ↙

　　　　　　　　　　　　　　　　　　//用鼠标导向,在底板的上端面上捕捉距后端面 10
　　　　　　　　　　　　　　　　　　的点;

指定下一点或 [放弃(U)]:   //利用对象追踪捕捉主视图中支撑板的切点位置,
　　　　　　　　　　　　　　　　　　如图 8-5(d)所示。

命令:／   //用直线命令画肋板。为捕捉点方便,可先将圆柱
　　　　　　　　　　　　　　　　　　下面的一条轮廓线删除。

_line 指定第一点: //在底板上端面捕捉右顶点;

指定下一点或 [放弃(U)]:**@ −25,23**

　　　　　　　　　　　　　　　　　　//用相对坐标画斜线;

指定下一点或 [放弃(U)]:

　　　　　　　　　　　　　　　　　　//画垂直线向上对象追踪,捕捉主视图中肋板与圆
　　　　　　　　　　　　　　　　　　柱的交点,如图 8-5(e)所示;

指定下一点或 [放弃(U)]:   //画水平线至支撑板前端面。

命令:／   //用直线命令补齐圆柱的轮廓线,补齐主视图和俯
　　　　　　　　　　　　　　　　　　视图中肋板上的交线,结果如图 8-5(f)所示。

8.2　零件图绘制的一般方法

8.2.1　零件图的内容和绘制方法

(1)一张完整的零件图应包括的基本内容

①一组视图:用视图、剖视图、断面图、局部放大图等,正确、清晰地表达出零件内、外部的结构和形状。

②完整的尺寸:正确、完整、清晰、合理地标注出制造零件所需的全部尺寸。

③技术要求:用一些规定的符号、数字或文字表示零件在制造和检验时应达到的技术要求,如表面粗糙度、尺寸公差、形位公差、材料及热处理等。

④标题栏:用规定的格式表达零件的名称、材料、数量及绘图比例、图号、制图和审核人的签名及日期等。

(2)用 AutoCAD 绘制零件图的基本步骤

①设置绘图环境:包括设置图幅、单位、图层、文字样式和尺寸样式等,这些设置应符合《机械制图》国家标准的要求。如果要画一系列的零件图,也可用前面介绍的创建绘图模板的方法,创建绘图模板,以提高工作效率。

②绘制零件图形:选择恰当的表达方法,应用 AutoCAD 的绘图命令和编辑命令完成零件图形的绘制。在这个过程中,要充分利用镜像、复制、偏移、阵列等编辑功能,简化绘图工作,更要注意应用辅助绘图工具,如对象捕捉、对象追踪、极轴追踪等,以便精确地绘图。

③进行标注:包括尺寸标注、尺寸公差标注、形位公差标注、表面粗糙度标注以及用文字注写技术要求等。

④填写标题栏,最后保存图形文件。

8.2.2　零件图绘制举例

机械零件的种类很多,形状也各不相同。按照其形状特征大致可分为轴、盘、支架及箱体4 类零件。每类零件的结构形式、加工方法、视图表达、尺寸标注等都有一定的特点。下面通过对轴类零件的分析,了解轴类零件图的一般绘制过程。

轴类零件主要是在车床上加工,为了加工时看图方便,一般把主视图的轴线水平放置以符合加工位置。由于这类零件的主体是回转体,因此,采用一个基本视图就能将其主要形状表达清楚。对轴上的局部结构,可采用断面图、局部放大图等加以补充,如图 8-6 所示。

(1)设置绘图环境

①设置图幅:297 ×210(A4 图幅,横放)。

②设置图层:

粗实线层	线型 CONTINUS	线宽	0.50 mm	颜色为白色
细实线层	线型 CONTINUS	线宽	缺省	颜色为白色
点画线层	线型 CENTER2	线宽	缺省	颜色为白色
虚线层	线型 HIDDEN2	线宽	缺省	颜色为白色

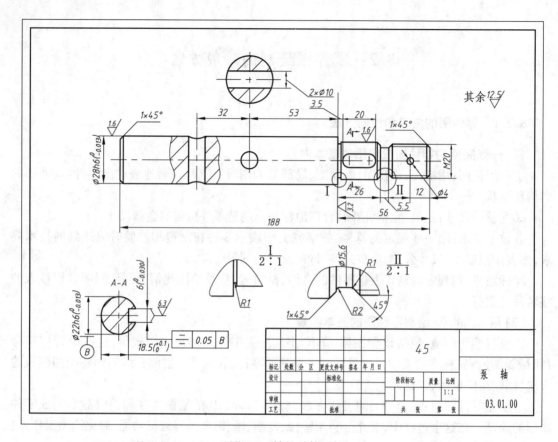

图 8-6 轴的零件图

标注层	线型 CONTINUS	线宽	缺省	颜色为白色
文字层	线型 CONTINUS	线宽	缺省	颜色为白色

③设置文字样式：在绘制机械图时,一般会进行汉字的书写和数字、字母的书写,对尺寸数字和字母进行标注时,将字体设置为"gbeitc. shx"字体即可;进行汉字的注写时,应选中"使用大字体"复选框,并在大字体中,选中"gbcbig. shx"字体,这样可以达到机械制图国家标准对字体的要求。

单击"文字样式管理器"图标 ，弹出"文字样式"对话框。单击"新建"按钮,在"样式名"中输入"工程字",单击"确定"按钮。在"字体名"下拉列表中选择"gbeitc. shx"字体,"高度"在此可不设置,选中"使用大字体"复选框,并在大字体中,选中"gbcbig. shx"字体,设置完成,单击"应用"按钮,保存并应用该样式。其效果如图 8-7 所示。

④设置尺寸样式：尺寸样式的设置应符合国家标准 GB/T 4458.4—2003 的规定。线性尺寸的数字一般应注在尺寸线上方的中间处,水平方向的尺寸从左往右写,垂直方向的尺寸从下往上写。在标注角度时,尺寸线应画成圆弧,尺寸界限应沿径向引出,角度的数字一律水平书写,一般注在尺寸线的中断处。尺寸样式的设置除应符合标准外,还要根据正确、美观的原则,针对具体的图样布局进行设置,因此也不是唯一的,下面的设置可供参考。

a. 设置线性尺寸。

单击"尺寸样式管理器"图标 ，弹出"标注样式管理器"对话框,如图 8-8 所示。"ISO25"为系统缺省设置的样式,一般以此为基础,进行一些改动设置即可。在本例中,单击

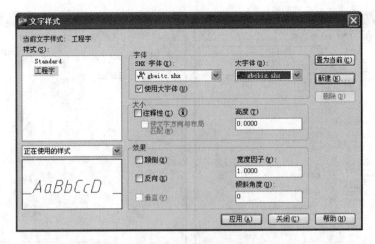

图 8-7　设置文字样式

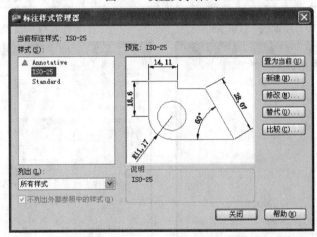

图 8-8　"标注样式管理器"对话框

"新建"按钮,弹出如图 8-9 所示的"创建新标注样式"对话框,设置新样式名为"线性尺寸",作为线性尺寸的标注样式。单击"继续"按钮,弹出"新建标注样式"对话框,如图 8-10 所示。

　　设置"线"选项卡的内容:在尺寸线标签中,如果采用基线标注,可将"基线间距"设为 7～10,否则可不修改。在尺寸界限标签中,设置"超出尺寸线"为"3","起点偏移量"为"0"。其效果如图 8-10 所示。

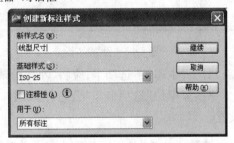

图 8-9　"创建新标注样式"对话框

　　设置"符号和箭头"选项卡的内容:设置"箭头大小"为"4",其他不改。其效果如图 8-11 所示。

　　设置"文字选项卡"的内容:在文字外观标签中,"文字样式"选择"工程字","文字高度"设为"5",在文字位置标签中,"垂直"设为"上方","水平"设为"置中","从尺寸线偏移"设为"1.5","文字对齐"设为"与尺寸线对齐"。其效果如图 8-12 所示。

　　设置"调整"选项卡的内容:选择默认状态。

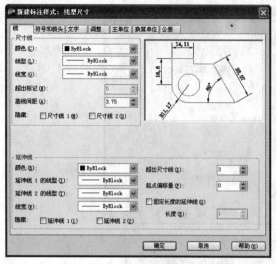

图 8-10　设置线

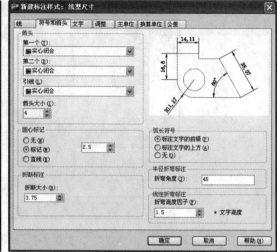

图 8-11　设置箭头

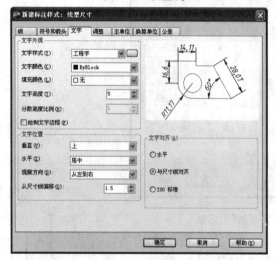

图 8-12　设置文字

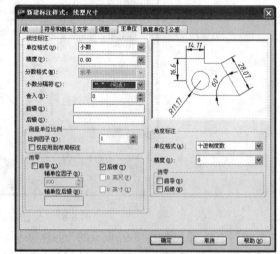

图 8-13　设置主单位

对于"主单位"选项卡,应将"小数分隔符"设置为"句点",其余按默认,如图 8-13 所示。

"换算单位"选项卡和"公差"选项卡,一般都采用默认状态,除非有特殊要求时,才会进行设置。

注意:"公差"选项卡的默认方式是"无"。如果进行了设置,则采用这种样式标注的所有尺寸都具有相同的公差值。显然,这是不对的,因此,针对具体的尺寸公差要单独进行设置。

b. 设置角度样式。

由于图 8-6 中有角度标注,按前面设置的状态,数值标注与尺寸线是对齐的状态,标注会不够美观。因此,可以单独设置一个标注样式来标注角度,使数值水平放置。在"标注样式管理器"对话框中,单击"新建"按钮,弹出"创建新标注样式"对话框。在"新样式名"中输入"角度","基础样式"为"线性尺寸",单击"继续"按钮。在"文字选项卡"中,"文字对齐"设为"水平";在"调整"选项卡中,将"文字位置"设为"尺寸线上方,加引线",这个设置可以用于标注半径,其他选择默认,单击"确定"按钮。其效果如图8-14和图8-15所示。

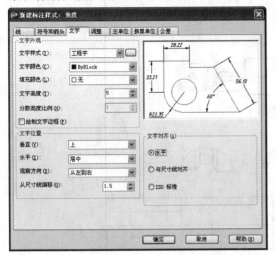

图8-14　设置文字对齐

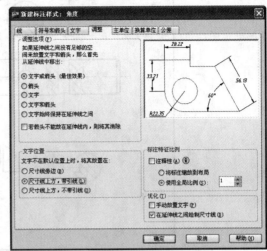

图8-15　设置调整

通过以上的工作,就完成了"泵轴零件图"的基本设置。由于标注尺寸是一个自由度比较大的工作,个人可以根据设计图纸的具体情况,进行较为灵活地处理。但总体要求是,标注的尺寸应完整、清楚、美观。在具体标注时,如果有些尺寸按现有的标注样式不方便标注时,还要根据具体情况对某些特殊尺寸进行专门设置。可将上面的所有设置保存成样板文件,以便后面画零件图时调用。

(2)绘制零件图形

由于前面对组合体的绘图过程作了较为详细的介绍,这里对图形的画法不再赘述,只作简单叙述。

①画中心线:将点画线层置为当前层,在恰当位置绘制中心线。

②画轴的轮廓线:将粗实线层置为当前层。由于轴的对称性,可以先画出一半,然后镜像得到另一半。1×45°的倒角可以用倒角█命令绘制,将倒角的距离都设置为"1"即可。

③局部剖的波浪线用样条曲线～来绘制。剖面线用命令█来填充。

④画断面图和局部放大图,效果如图8-16所示。

(3)标注零件图尺寸

1)一般尺寸的标注

用"图层工具栏"将标注层设为当前层。

为标注方便,可将标注工具条调出。其方法如下:

下拉菜单"视图"→"工具栏"→"标注"。

命令:█　　　　　　　　　　　　　//将"线性尺寸"置为当前标注样式,标注线
　　　　　　　　　　　　　　　　　　性尺寸。

指定第一条尺寸界线原点或＜选择对象＞://捕捉轴的左端点;

指定第二条尺寸界线原点:　　　　　//捕捉轴的右端点;

指定尺寸线位置或[多行文字(M)/文字(T)/角度(A)/水平(H)/垂直(V)/旋转(R)]:**T** ✓

标注文字=**188** ✓　　　　　　　　//输入尺寸值。

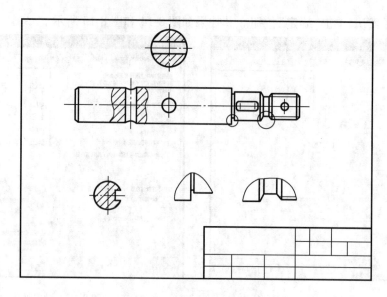

图 8-16　轴的局部图和放大图

重复命令,标注尺寸 56,26,12 等长度尺寸。

命令:▯　　　　　　　　　　　　　　　　//用线性标注命令,标注尺寸 32。

指定第一条尺寸界线原点或 <选择对象>:　//捕捉左边 φ10 孔的中心线;

指定第二条尺寸界线原点:　　　　　　　//捕捉右边 φ10 孔的中心线;

指定尺寸线位置或[多行文字(M)/文字(T)/角度(A)/水平(H)/垂直(V)/旋转(R)]:**T**↙

标注文字 =**32**↙　　　　　　　　　　　//输入尺寸值。

命令:▥　　　　　　　　　　　　　　　　//用连续标注命令,标注连续尺寸 53,
　　　　　　　　　　　　　　　　　　　　3.5,20。

指定第二条尺寸界线原点或 [放弃(U)/选择(S)] <选择>:
　　　　　　　　　　　　　　　　　　　　//捕捉 53 尺寸的右端点;

标注文字 =**53**

指定第二条尺寸界线原点或 [放弃(U)/选择(S)] <选择>:
　　　　　　　　　　　　　　　　　　　　//捕捉 3.5 尺寸的右端点;

标注文字 =**3.5**

指定第二条尺寸界线原点或 [放弃(U)/选择(S)] <选择>
　　　　　　　　　　　　　　　　　　　　//捕捉 20 尺寸的右端点。

标注文字 =**20**

命令:▯　　　　　　　　　　　　　　　　//标注 5.5 尺寸,并将设置的"角度"标注样
　　　　　　　　　　　　　　　　　　　　式置为当前标注样式。

指定第一条尺寸界线原点或 <选择对象>://选择尺寸的左端点;

指定第二条尺寸界线原点:　　　　　　　//选择尺寸的右端点。

指定尺寸线位置或[多行文字(M)/文字(T)/角度(A)/水平(H)/垂直(V)/旋转(R)]:**T**↙

标注文字 =**5.5** ↙

重复命令,标注 $2 \times \phi10$ 尺寸。
指定第一条尺寸界线原点或 <选择对象> :　//捕捉 $\phi10$ 尺寸的下端点;
指定第二条尺寸界线原点:　　　　　　　//捕捉 $\phi10$ 尺寸的上端点;
指定尺寸线位置或[多行文字(M)/文字(T)/角度(A)/水平(H)/垂直(V)/旋转(R)]:**T** ↙
输入标注文字 <10> :2×%%C10 ↙　　　//输入直径尺寸;
指定尺寸线位置或[多行文字(M)/文字(T)/角度(A)/水平(H)/垂直(V)/旋转(R)] :
　　　　　　　　　　　　　　　　　　//指定尺寸线位置。

注意:小尺寸标注时选择角度标注样式,设置的引线是垂直线。当文字位置不合适时,可先将该尺寸选中,然后用夹点拖曳至合适位置。

命令:▯　　　　　　　　　　　　　　//标注 M20 尺寸,并将"线性尺寸"置为当前
　　　　　　　　　　　　　　　　　　标注样式。
指定第一条尺寸界线原点或 <选择对象> ://捕捉 M20 尺寸的下端点;
指定第二条尺寸界线原点:　　　　　　　//捕捉 M20 尺寸的上端点;
指定尺寸线位置或[多行文字(M)/文字(T)/角度(A)/水平(H)/垂直(V)/旋转(R)]:**T** ↙
输入标注文字 <20> :**M20** ↙　　　　//输入 M20;
指定尺寸线位置或[多行文字(M)/文字(T)/角度(A)/水平(H)/垂直(V)/旋转(R)] :
　　　　　　　　　　　　　　　　　　//指定尺寸线位置。

命令:▨　　　　　　　　　　　　　　//用标注直径命令标注 $\phi4$。
选择圆弧或圆　　　　　　　　　　　　//选择 $\phi4$ 圆;
指定尺寸线位置或 [多行文字(M)/文字(T)/角度(A)] :
　　　　　　　　　　　　　　　　　　//指定尺寸线位置。

命令:▨　　　　　　　　　　　　　　//用引线命令标注 $1 \times 45°$ 倒角尺寸。
指定第一个引线点或 [设置(S)] <设置> :↙
　　　　　　　　　　　　　　　　　　//对引线进行设置;

在引线设置对话框中将箭头设为"无",单击"确定"按钮,关闭对话框。
指定第一个引线点或 [设置(S)] <设置> ://捕捉 $45°$ 倒角的端点;
指定下一点:　　　　　　　　　　　　//拖动鼠标,在合适处单击鼠标,确定引线
　　　　　　　　　　　　　　　　　　的第二点;
指定下一点:　　　　　　　　　　　　//拖动鼠标,在合适处单击鼠标,确定引线
　　　　　　　　　　　　　　　　　　的第三点;
输入注释文字的第一行 <多行文字(M)> :↙
　　　　　　　　　　　　　　　　　　//选择多行文字选项。

在"多行文字编辑器"中输入 $1 \times 45°$，单击确定。

重复命令，标注另一端倒角和放大图Ⅱ中倒角尺寸。

命令：　　　　　　　　//用标注半径命令，标注局部放大图中的半

径尺寸。

选择圆弧或圆：　　　　　　　　　　　//选择放大图Ⅰ中的圆弧；

指定尺寸线位置或［多行文字(M)/文字(T)/角度(A)］：

//指定尺寸线位置。

重复命令，标注放大图Ⅱ中的 $R1,R2$ 尺寸。

命令：　　　　　　　　　　　　　　//用角度标注命令，标注放大图Ⅱ中的角度

尺寸；

选择圆弧、圆、直线或 ＜指定顶点＞：　//选择45°角的一条边；

选择第二条直线：　　　　　　　　　//选择45°角的另一条边；

指定标注弧线位置或［多行文字(M)/文字(T)/角度(A)］：

//指定尺寸线位置。

命令：　　　　　　　　　　　　　　//创建新样式，标注 $\phi15.6$ 尺寸

在标注样式管理器中，单击"新建"，弹出如图 8-17 所示对话框，单击"继续"按钮。

图 8-17　"创建新标注样式"对话框

在"直线"选项卡中，单击尺寸界限标签中"隐藏"第二条尺寸界限，在"符号和箭头"选项
卡中，第二个箭头选择"无"，其他不变，单击"确定"按钮。

命令：　　　　　　　　　　　　　　//将"副本线性尺寸"置为当前标注样式。

指定第一条尺寸界线原点或 ＜选择对象＞：//选择 $\phi15.6$ 尺寸的下端点；

指定第二条尺寸界线原点：　　　　　//在合适位置选择上端点；

指定尺寸线位置或［多行文字(M)/文字(T)/角度(A)/水平(H)/垂直(V)/旋转(R)］：**T**

输入标注文字：**％％c15.6**

指定尺寸线位置或［多行文字(M)/文字(T)/角度(A)/水平(H)/垂直(V)/旋转(R)］：

//指定尺寸线位置。

2)标注带公差的尺寸

命令：　　　　　　　　　　　　　　//标注带公差的尺寸 $\phi28$。

指定第一条尺寸界线原点或＜选择对象＞：　　//捕捉 $\phi28$ 的一个端点；

指定第二条尺寸界线原点：　　　　　　　　//捕捉 $\phi28$ 的另一个端点；

指定尺寸线位置或[多行文字(M)/文字(T)/角度(A)/水平(H)/垂直(V)/旋转(R)]:**M**✓

此时弹出"多行文字编辑器"，输入"%%C28h6(0^ - 0.013)"，然后选中"0^ - 0.013"，单击"堆叠"按钮❗，单击"确定"按钮。

指定尺寸线位置或[多行文字(M)/文字(T)/角度(A)/水平(H)/垂直(V)/旋转(R)]:
　　　　　　　　　　　　　　　　　//指定尺寸线位置。

重复命令，用同样的方法标注尺寸 $\phi22$，18.5 和 6。

3）标注形位公差

由于在标注形位公差时，在形位公差的前面需要画引线，引线的样式与系统默认带指引箭头和多行文字的格式有差别，因此，在标注形位公差前，应对形位公差符号前面的引线进行必要的设置。在下拉菜单"格式"中，选中"多重引线样式"打开"多重样式引线管理器"，新建一个引线标注样式，如图8-18 所示。单击"继续"按钮后，在"引线格式"选项卡中，将引线箭头的大小设置为"4"。在"引线结构"选项卡中，将"最大引线点数"设置为"3"。在"内容"选项卡中，将"多重引线类型"设置为"无"。设置后的效果如图8-19 所示。

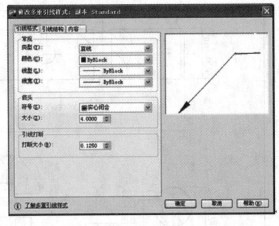

图8-18　"创建新多重引线样式"对话框　　　　图8-19　"修改多重引线样式"对话框

设置完成后，将刚才设置的样式置为当前，关闭多重引线设置对话框。然后进行形位公差的引线标注。在下拉菜单"标注"中，选中"多重引线"：

命令:_mleader

指定引线箭头的位置或 [引线基线优先(L)/内容优先(C)/选项(O)] ＜选项＞：
　　　　　　　　　　　　　　　//捕捉尺寸6 的下端点；

指定下一点：　　　　　　　　　//向下拖动鼠标至合适位置单击，确定引线
　　　　　　　　　　　　　　　　的一点；

指定引线基线的位置：　　　　　//拖动鼠标至合适位置单击，确定引线的另
　　　　　　　　　　　　　　　　一点。

引线标注完成后,在下拉菜单"标注"中,选中"公差":

弹出"形位公差"对话框,如图 8-20 所示。单击"符号"下的黑框,弹出形位公差符号,选择对称度符号,在"公差 1"下输入"0.05",在"基准 1"下输入"B",单击"确定"按钮,然后将光标移动到引线的端点,则完成形位公差的标注。

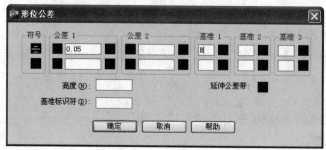

图 8-20 "形位公差"对话框

其效果如图 8-21 所示。

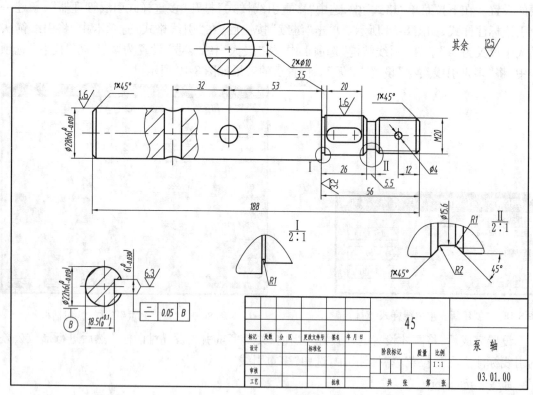

图 8-21 轴的尺寸与形位公差标注

(4)标注零件图的表面粗糙度

命令:

//用块插入命令,调用在第 6 章"图块"中所创建的粗糙度图块,弹出"插入"对话框,如图 8-22 所示。单击"浏览"按钮,在打开的"选择图形文件"对话框中,选择"粗糙度"块,单击"确定"按钮。

图 8-22 块"插入"对话框

指定插入点或［比例(S)/X/Y/Z/旋转(R)/预览比例(PS)/PX/PY/PZ/预览旋转(PR)］：

//选择标注粗糙度值为 6.3 的位置单击鼠标；

输入 X 比例因子,指定对角点,或［角点(C)/XYZ］<1>:↙

输入 Y 比例因子或 <使用 X 比例因子>:↙

输入属性值

6.3 <6.3>:↙

命令: //再次用块插入命令。

指定插入点或［比例(S)/X/Y/Z/旋转(R)/预览比例(PS)/PX/PY/PZ/预览旋转(PR)］：

//选择标注粗糙度值为 1.6 的位置单击鼠标；

输入 X 比例因子,指定对角点,或［角点(C)/XYZ］<1>:↙

输入 Y 比例因子或 <使用 X 比例因子>:↙

输入属性值

6.3 <6.3>:**1.6**↙ //输入新的粗糙度值。

重复命令,标注另一粗糙度值1.6。

命令: //标注粗糙度值3.2。

指定插入点或［比例(S)/X/Y/Z/旋转(R)/预览比例(PS)/PX/PY/PZ/预览旋转(PR)］:**R**↙

指定旋转角度:**−90**↙

指定插入点: //用鼠标指定插入点；

输入 X 比例因子,指定对角点,或［角点(C)/XYZ］<1>:↙

输入 Y 比例因子或 <使用 X 比例因子>:↙

输入属性值

6.3 <6.3>:**3.2**↙ //输入粗糙度值。

注意:此时粗糙度值的方向不符合国家标准的要求,可用分解 命令,将块分解,然后将

197

粗糙度值 3.2 旋转 180°。

最后在图纸的右上角,用同样的方法标注"其余 12.5"。

同样,用插入块的方法,插入所标注的形位公差的基准符号。

(5)标注零件图的其他内容

命令: ⊙   //用细实线圆画出需局部放大的位置。

命令: A   //用"多行文字编辑器"注写文字Ⅰ,Ⅱ。

命令: A   //用"多行文字编辑器"注写局部放大图的放大比例时,在编辑器的窗口内输入"Ⅰ/2：1",然后全部选中,单击"堆叠"按钮,单击"确定"按钮即可。

至此,完成零件图的全部内容,结果如图 8-6 所示。

8.3 装配图绘制的一般方法

8.3.1 装配图的作用和内容

表达机器或部件的图样,称为装配图。它表示机器或部件的结构形状、装配关系、工作原理和技术要求,是指导装配、安装、使用和维修机器或部件的重要技术文件。

如图 8-23 所示为一个轴承座的轴测装配图,如图 8-24 所示为该轴承座的装配图。

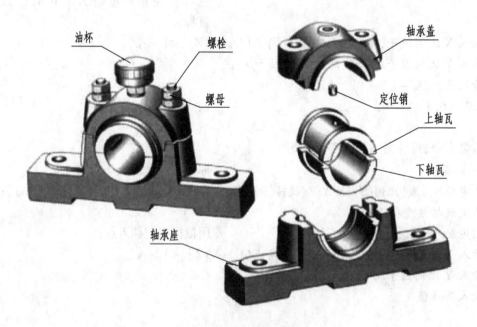

图 8-23 轴承座装配轴测图

根据装配图的作用,一张完整的装配图应具有下列内容:

①一组视图。用来表达机器或部件的主要结构、工作原理、各零件的相互位置和装配

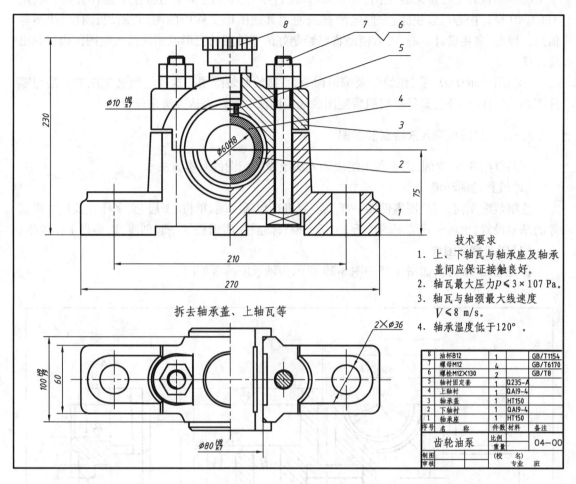

技术要求

1. 上、下轴瓦与轴承座及轴承盖间应保证接触良好。
2. 轴瓦最大压力 $p \leqslant 3 \times 10^7$ Pa。
3. 轴瓦与轴颈最大线速度 $V \leqslant 8$ m/s。
4. 轴承温度低于120°。

拆去轴承盖、上轴瓦等

8	油杯B12	1		GB/T1154
7	螺母M12	4		GB/T6170
6	螺栓M12×130	2		GB/T8
5	轴衬固定套	1	Q235-A	
4	上轴衬	1	QAl9-4	
3	轴承盖	1	HT150	
2	下轴衬	1	QAl9-4	
1	轴承座	1	HT150	
序号	名　称	件数	材料	备注

齿轮油泵	比例		04-00
	重量		
制图		(校　名)	
审核		专业　班	

图 8-24　轴承座装配图

关系。

②必要的尺寸。包括部件或机器的规格(性能)尺寸、零部件之间的装配尺寸、外形尺寸、安装尺寸和其他重要尺寸。

③技术要求。说明有关机器或部件的性能、装配、安装、检验和调试等方面的技术要求。

④零部件序号、明细栏和标题栏。在装配图中,应对每个不同的零部件编写序号,并在明细栏中依次填写序号、名称、数量、材料等。标题栏包含机器或部件的名称、规格、比例、图号等。

8.3.2　装配图的绘制方法

用 AutoCAD 绘制装配图时,一般有以下 3 种方法:

①图块插入法。用图块插入法绘制装配图,就是将组成部件或机器的各个零件的零件图先画好,然后创建为图块保存。画装配图时,只需按零件间的相对位置关系,将创建的图块逐个插入,拼画成装配图即可。

也可以使用与插入图块类似的附着外部参照的方法。

②利用设计中心拼画装配图。AutoCAD 设计中心的功能和作用将在下面作介绍。利用 AutoCAD 设计中心可以快捷、方便地浏览或使用其他图形文件中的图形、图块、图层、线型等信息。因此，利用设计中心，可方便地将已绘制好的零件图的图形或图块插入绘图区内拼画出装配图。

③利用 AutoCAD 的二维绘图及编辑命令，直接绘制装配图。这种绘制装配图的方法与零件图画法没什么不同，只是要按照装配图的规定画法和特殊表达方法来进行即可。

8.3.3 用图块插入法绘制装配图

下面以图 8-24 为例，说明利用图块插入法绘制装配图的基本方法。

（1）设置绘图环境

绘制装配图前，与绘制零件图一样也需要进行包括图幅、单位、图层、文字样式及尺寸样式等的基本设置，也可创建装配图模板，包括图框、标题栏、明细栏等一起创建，以提高工作效率。

（2）创建零件图块

首先绘制零件图，如图 8-25—图 8-29 所示为轴承座的零件图。

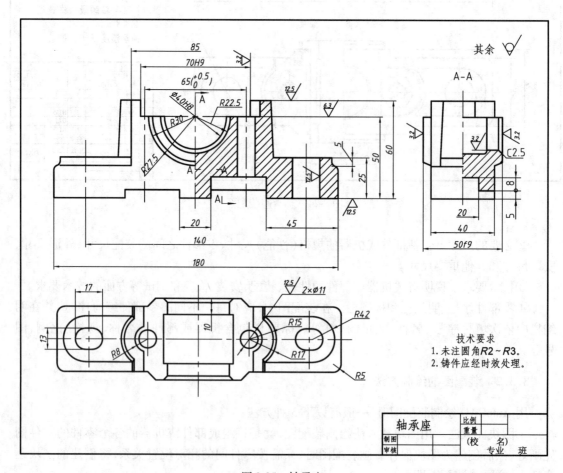

图 8-25 轴承座

200

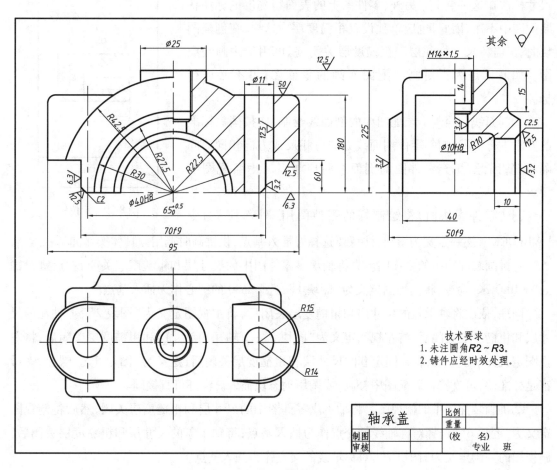

图 8-26　轴承盖

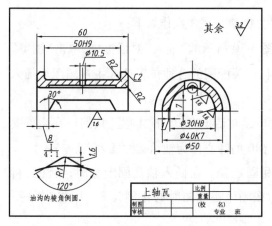

图 8-27　上轴瓦

图 8-28　下轴瓦

绘制零件图时应处理好以下两个问题：

①尺寸标注。由于装配图的尺寸标注要求与零件图不同,因此,零件图上的尺寸标注不能直接用到装配图中。在画零件图时,注意一定要在设置层时,单独设置尺寸标注层,并将所有

尺寸标注在这一层上。另外,零件图上的表面粗糙度的标注在装配图中不用,因此,也应单独设置粗糙度层。这样,在创建图块时,只需将尺寸标注层和粗糙度层关闭,就可用于拼画装配图。如果只是为了拼画装配图而画的零件图,可不必进行标注。

②剖面线的绘制。装配图中的剖面线绘制,应按国家标准的要求进行,即两相邻零件剖面线方向应相反或方向相同而间隔不等,因此,填充零件图的剖面线时应尽量考虑装配图的要求。

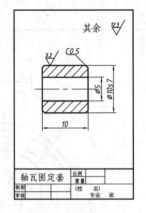

图 8-29　定位销

创建零件图块时,将绘制好的零件图用"外部块"命令"WBLOCK",逐一定义为图块,注意要选择好插入基点,供拼画时调用。具体操作如下:

①拼画装配图中的主视图。先将轴承座零件图中的尺寸层和粗糙度层关闭,然后键盘输入"WBLOCK"命令,将主视图定义为"图块 1",选择 $\phi40$ 的圆心作为插入基点。

同理,依次将轴承盖的尺寸层和粗糙度层关闭后,将主视图定义为"图块 2";上轴瓦的尺寸层和粗糙度层关闭后,将左视图定义为"图块 3";下轴瓦的尺寸层和粗糙度层关闭后,将左视图定义为"图块 4";轴瓦固定套的尺寸层和粗糙度层关闭后,定义为"图块 5"。螺栓、螺母都是标准件,可直接在装配图中补画,或调用动态块插入。油杯可直接画。

②拼画装配图中的俯视图。将轴承座零件图中的尺寸层和粗糙度层关闭,然后将俯视图定义为"图块 6",选择对称轴线的交点作为插入基点;将轴承盖的尺寸层和粗糙度层关闭后,俯视图的一半定义为"图块 7",对称轴线的交点作为插入基点。

(3)插入零件图块,拼画装配图

在已设置好绘图环境的装配图中进行插入零件图块。具体操作如下:

①命令:单击块插入命令图标按钮![按钮],在如图 8-30 所示的"插入"对话框中,单击"浏览"按钮,在文件夹中选择"图块 1",单击"确定"按钮,在装配图的合适位置选择主视图图块插入位置。

②命令:单击"插入"命令图标按钮![按钮],在"插入"对话框中,单击"浏览"按钮。在文件夹中,选择"图块 2",单击"确定"按钮,选择轴承座 $\phi40$ 的圆心作为轴承盖的插入点。

③重复命令,依次插入上轴瓦、下轴瓦和轴瓦固定套。在插入轴瓦固定套时,要注意将"缩放比例"设置为"X"为 1/3,"Y"为 1/3,因为在画该零件图时的比例为 3∶1,将"旋转"设置为 90°。

④命令:单击"插入"命令图标按钮![按钮],在"插入"对话框中,单击"浏览"按钮。在文件夹中,选择"图块 6",单击"确定"按钮,在装配图上与主视图"长对正"位置选择俯视图图块插入位置。

重复命令,插入"图块 7"。

图 8-30　"插入"对话框

（4）补画其他零件

补画螺栓、螺母、油杯等标准件，或从工具选项版中插入螺栓、螺母；检查拼画的装配图，如果要修改图块中的内容，应先用 ![分解] 分解命令，将图块分解，然后进行修改。检查时应特别注意：剖面线方向，螺纹连接部分，应删除装配后被遮挡的多余图线。

（5）标注尺寸、注写技术条件等

在装配图的图形拼画完成后，应标注装配图的尺寸、注写技术条件、编零件序号、绘制标题栏和编写图面明细表，最后完成装配图，如图 8-24 所示。

8.3.4　用 AutoCAD 设计中心拼画装配图

下面仍以轴承座的装配图为例，进行拼画。

在已设置好绘图环境的装配图中进行插入零件图块的操作。具体步骤如下：

①命令：单击"标准工具栏"的"设计中心"命令图标按钮 ![图标]，打开"设计中心"窗口。在"树状视图区"选择轴承座零件图块所在的文件夹，则在"内容显示区"会显示该文件夹的内容。在"内容显示区"中，选择"图块 1"，"预览区"可看到该图块的图形。按住鼠标左键将其拖曳至绘图区后松开，然后，按照命令提示行的提示，进行插入即可。

②用同样的方法依次按比例和所需的旋转角度插入各零件的图块。

③其他的步骤与用图块插入法绘制轴承座的装配图相同。

如果用图形文件进行拼画，则需要在图形文件插入后，用分解命令进行分解，选择需要的部分进行拼画。

上机练习与指导（十）

画简单体的三视图（不注尺寸），如图 8-31 所示。注意利用"极轴追踪""对象捕捉"和"对象追踪"使三视图"长对正、高平齐、宽相等"。

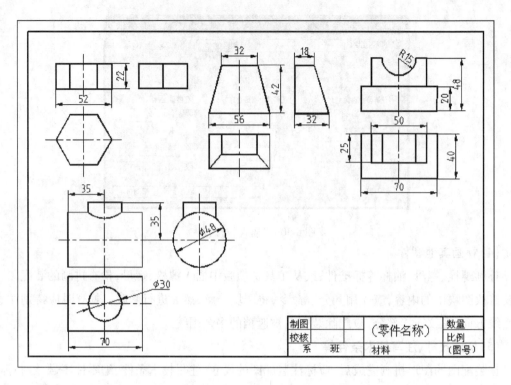

图 8-31　绘制三视图

上机练习与指导(十一)

绘制 G1/2 阀门的零件图,包括填料压盖零件图、阀体零件图、阀杆零件图,如图 8-32、图 8-33、图 8-35 所示。

作图步骤:

(1)绘制填料压盖零件图

①设置绘图环境。包括图幅 A4,297 mm×210 mm,以及图层、文字样式和尺寸样式。

②将点画线层设为当前层,用直线命令画中心线(打开"栅格"和"栅格捕捉"以便确定画中心线的合适位置)。

③将粗实线层设为当前层。

在画左视图时,应注意法兰外形两圆公切线的画法。其方法如下:关闭"栅格"和"栅格捕捉",打开"对象捕捉"和"对象追踪",在左视图上,用"圆⊙"命令画圆;单击"直线✏"命令,然后选择"视图"→"工具栏"→"对象捕捉"→"捕捉切点⊘",在一个圆的切点附近单击(捕捉第一切点);再次选择"捕捉切点⊘"在另一圆的切点附近单击(捕捉第二切点),回车,即画出两圆的公切线。修剪掉不要的线,然后依次画出主视图、左视图中的粗实线。换虚线层画出虚线圆。

④将细实线层设为当前层,用▨命令填充剖面线。

⑤标注尺寸。

⑥标注粗糙度。先将粗糙度符号按制图规定画好,然后创建图块,将粗糙度符号的尖点作为插入点,将粗糙度符号插入指定位置,并填写规定数值。

⑦填写标题栏,完成全图并存盘(画图过程中应经常保存)。

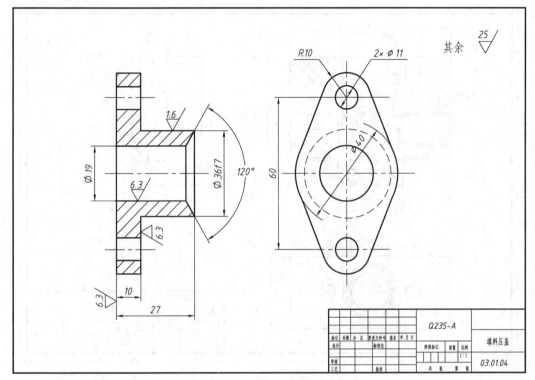

图 8-32　填料压盖零件图

(2)绘制阀体零件图

绘制"阀体"零件图。

作图步骤:

①设置绘图环境,图幅设置选 A3 图幅,420 mm×297 mm;设图层、线型、线宽及颜色,画图框线和标题栏。设置尺寸数字、字母样式和中文字体样式(也可使用以前设置好的模板)。

②开始绘图,先将点画线层置为当前层,打开"极轴追踪"或"正交",用"直线"命令画中心线,如图 8-34(a)所示。

将粗实线层置为当前层,打开"对象捕捉"和"对象追踪",对称图形可先画一半,然后用"镜像 ⚠"画出另一半,主视图采用全剖,左视图采用半剖。画锥度时,通过计算可知锥面的长度为 49,按 1∶7 的锥度圆台的底圆直径应为 φ25。G1/2 管螺纹的通径 φ15,接头连接螺纹为 M22×1.5,如图 8-34(b)所示。

③将剖面线层置为当前层,填充剖面线。单击 ▓ 弹出区域填充对话框,选择填充样式为"ANSI31"→单击"拾取点"→在需填充区域内点击(可同时点选多个区域,可填充区域的边界变为虚线,如果区域边界未变为虚线,说明该区域不封闭,不能填充。注意,螺纹的剖面线填到粗实线为止)→回车→确定,如图 8-34(c)所示。

④标注尺寸,将尺寸标注层置为当前层。首先按尺寸标注要求设置尺寸样式,尺寸 2×M10−6H 需设置标注样式。锥度符号按制图标准绘制。

205

⑤标注粗糙度。调用前面创建的粗糙度图块,标注粗糙度。

⑥填写标题栏和其他文字,将文字层置为当前层进行填写。检查并存盘(画图过程中应经常存盘),效果如图 8-33 所示。

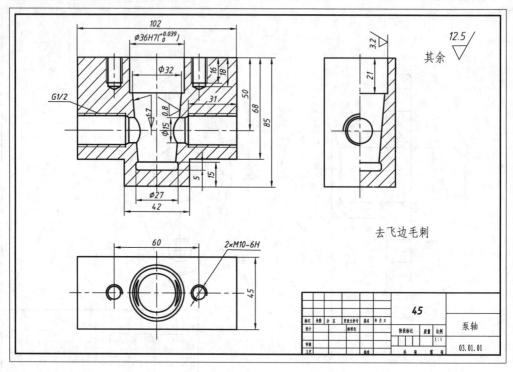

图 8-33 阀体零件图

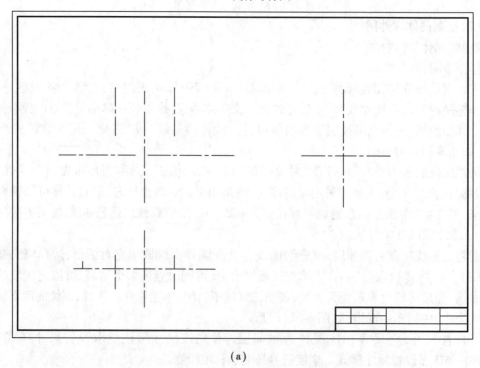

(a)

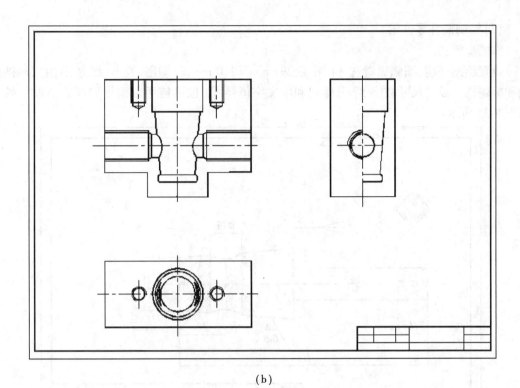

(b)

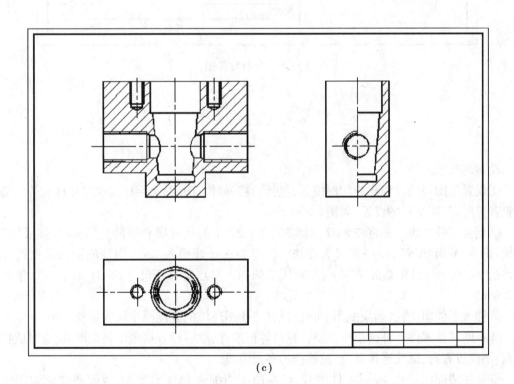

(c)

图 8-34 阀体零件图的绘制步骤

（3）绘制阀杆零件图

作图步骤：

设置绘图环境，图幅设置选 A4 图幅，297 mm×210 mm；设图层、线型、线宽及颜色，画图框线和标题栏。设置尺寸数字、字母样式和中文字体样式（也可使用以前设置好的模板），效果如图 8-35 所示。

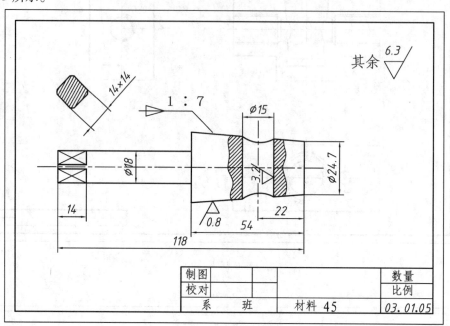

图 8-35　阀杆零件图

上机练习与指导（十二）

绘制旋塞装配图。

①设置绘图环境。创建装配图模板，包括图幅、单位、图层、文字样式和尺寸样式等的基本设置和标题栏、明细栏的设置，如图 8-36 所示。

②创建零件图块。先将图 8-32、图 8-33、图 8-35 中的尺寸层和粗糙度层关闭，然后用"外部块"命令"WBLOCK"，逐一定义为图块。注意要选择好插入基点，阀杆的插入基点选择在 φ15 孔中心线和阀杆轴线的交点上，填料压盖的插入基点要保证尺寸 55 的装配要求，垫圈厚度 2 mm。

③插入零件图块，拼画装配图。在已设置好绘图环境的装配图中插入零件图块。

④补画其他零件。补画垫圈、填料、螺钉等标准件，然后检查拼画的装配图，检查时应特别注意：剖面线方向、螺纹连接部分、被遮挡的多余图线。

⑤标注装配图尺寸，编写零件序号，填写图面明细表和技术要求，装配图效果如图 8-36 所示。

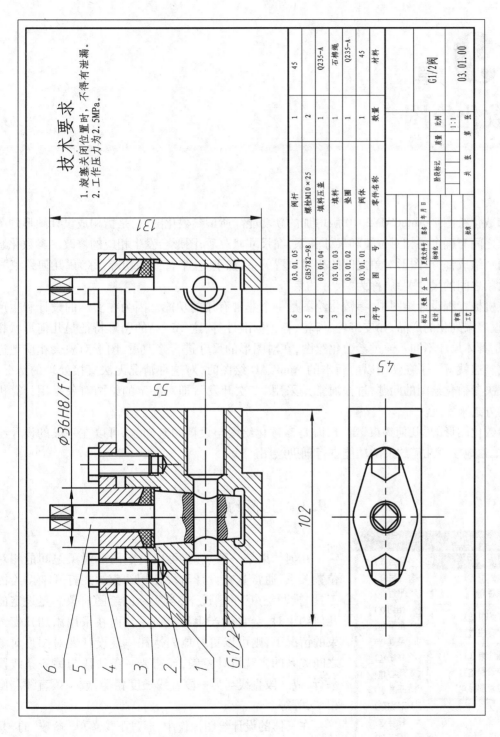

6	03.01.05		阀杆	1	45	
5	GB5782-98		螺栓M10×25	2	Q235-A	
4	03.01.04		填料压盖	1		
3	03.01.03		填料	1	石棉绳	
2	03.01.02		垫圈	1	Q235-A	
1	03.01.01		阀体	1	45	
序号	图号	分区	零件名称	数量	材料	

	更改文件号	签名	年 月 日		G1/2阀	
标记	处数					
设计		标准化		阶段标记	质量	比例
						1:1
					03.01.00	
审核						
工艺		批准		共 张	第 张	

图 8-36 旋塞装配图

第**9**章

参数化绘图

参数化绘图是 AutoCAD 2010 版增加的新功能。所谓参数化图形,是指构成设计图形的图形对象之间有确定的相对位置和尺寸关系,在尺寸修改后,图形会发生相应的修改。参数化绘图有两个组成部分:图形对象之间的相对位置关系,如垂直、平行或相切等,称为"几何约束";图形对象之间的尺寸关系,称为"尺寸约束"。

在机械工程设计绘图中,参数化绘图是一个非常有用的功能。因为在实际的设计和生产中,有很多系列化的产品,如皮带轮、齿轮、各种标准件等,这些产品的图形特征是几何形状相似,只是具体尺寸不同。通过参数化绘图,在对图形的尺寸进行修改后,图形对象会相应地进行修改。这就解决了在使用以前版本的 AutoCAD 绘图时,对这种情况无法直接处理的情况。为了解决参数化绘图的问题,过去通常是采用"二次开发",即对特定的绘图对象采用计算机编程的方式来实现。

参数化图形的"几何约束"部分,既是参数化绘图与设计的基础,也可以在一般的设计绘图时,单独地使用几何约束的功能进行辅助绘图。

9.1 几何约束

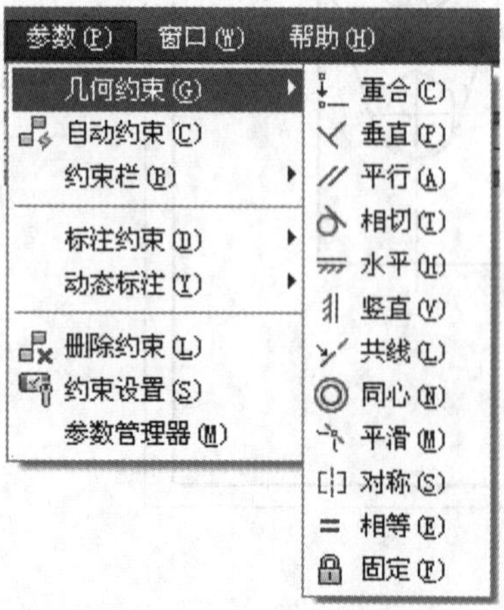

图 9-1 "几何约束"菜单

几何约束是一种规则,可以决定图形对象之间的相对位置关系,通常是在设计阶段使用约束。在打开辅助绘图工具"推断约束"的情况下,当实际的绘图对象满足设定的几何约束时,会自动产生约束关系。而在采用添加几何约束的情况下,则可以更好地表达和体现设计者对图形对象之间关系的主观设计意图,如需要一条线段与另一条线段平行,或一段直线与另一段直线长度相等,或一条直线与圆相切,等等。

在具体的设计绘图操作中,通过下拉菜单"参数"的"几何约束"级联菜单来添加几何约束,如图 9-1 所示。在选择所需的约束后,按提示栏的提示进行操作。

约束的功能简要介绍如下：

重合：使两个点或一个点和一条直线重合。

垂直：使两条直线或多段线的夹角保持90°。

平行：使两条直线保持相互平行。

相切：使两条曲线或直线与曲线保持相切或与其延长线保持相切。

水平：使一条直线或一对点与当前 UCS 的 x 轴保持平行。

竖直：使一条直线或一对点与当前 UCS 的 y 轴保持平行。

共线：使两条直线位于同一条无限长的直线上。

同心：使选定的圆、圆弧或椭圆保持同一中心点。

平滑：使一条样条曲线与其他样条曲线、直线、圆弧或多段线保持几何连续性。

对称：使两个对象或两个点关于选定直线保持对称。

相等：使两条直线或多段线具有相同长度，或使圆弧具有相同半径值。

固定：使一个点或一条曲线固定到相对于世界坐标系（WCS）的指定位置和方向上。

在采用对绘图对象添加几何约束的方法绘图时，可先较为随意地画，如水平线不一定要水平，垂直线不一定垂直。然后按设计要求，用添加几何约束的方式来进行调整。但在添加几何约束时，要注意操作的顺序，通常所选的第二个对象会根据第一个对象进行调整。例如，应用平行约束时，选择的第二个对象将调整为平行于第一个对象。

例如，如图 9-2(a) 所示的三角形，对第 1 条边应用水平约束，通过下拉菜单"参数"的"几何约束"，选中"☰水平"，提示栏提示：

命令：_GcHorizontal

选择对象或［两点(2P)］＜两点＞：　　　//选择编号为 1 的边；结果如图 9-2(b)所示。

然后，对第 1 条边与第 2 条边应用垂直约束，使第 2 条边垂直于第 1 条边。通过下拉菜单"参数"的"几何约束"，选中"✔垂直"后，提示栏提示：

命令：_GcPerpendicular

选择第一个对象：　　　　　　　　　　//选择编号为 1 的边；

选择第二个对象：　　　　　　　　　　//选择编号为 2 的边；结果如图 9-2(c)所示。

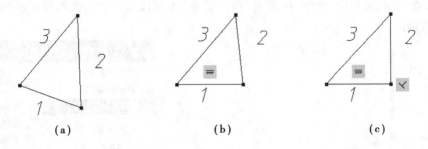

| (a) | (b) | (c) |

图 9-2　应用几何约束

【例 9-1】　在如图 9-4 所示的法兰上有 4 个螺栓孔，这 4 个孔与法兰的圆角为同心的关系。在绘图时，可以先画出法兰及法兰上的圆角，然后按尺寸画出 4 个圆，4 个圆的位置可以随意放置。然后用"同心"的约束命令来将 4 个圆放到法兰的正确位置。具体操作方法如下：

①画出带圆弧的法兰。

②按要求画出 4 个孔的圆,位置可以随意放置,如图 9-3 所示。

③通过下拉菜单"参数"的"几何约束",选中"◎同心"命令后,提示栏提示:

命令:_GcConcentric

选择第一个对象: //选择圆弧;

选择第二个对象: //选择圆。

可以看到,在操作完成后,所选择圆的圆心就到了与圆弧同心的位置。反复操作,就可以将其余 3 个圆也放到与相应圆弧同心的位置,同时显示有同心约束的图标,如图 9-4 所示。

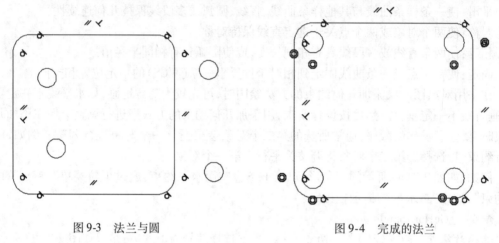

图9-3 法兰与圆 图9-4 完成的法兰

9.2 几何约束的编辑

添加几何约束后,在对象的旁边会出现约束图标。将光标移动到图标或图形对象上,AutoCAD将亮显相关的对象及约束图标。单击鼠标右键,会出现快捷菜单,对已加到图形中的几何约束可以进行隐藏和删除等操作,如图 9-5 所示。

在"参数"下拉菜单中,选中"约束栏"级联菜单,也可以选择对约束的显示、隐藏等操作,如图 9-6 所示。

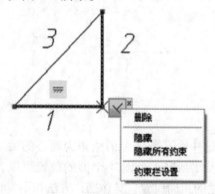

图9-5 "几何约束"快捷菜单

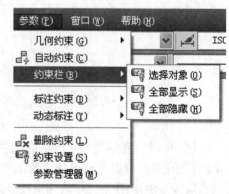

图9-6 "约束栏"级联菜单

可通过以下方法编辑受约束的几何对象：

①使用夹点编辑模式修改受约束的几何图形,该图形会保留应用的所有约束。

②使用移动、复制、旋转和缩放等命令修改受约束的几何图形后,结果会保留应用于对象的约束。

在有些情况下,使用修剪、延伸及打断等命令修改受约束的对象后,所加约束将被删除。

9.3 标注约束

标注约束用于控制二维对象的距离、长度、角度和半径值等,此类约束可以是数值,也可是变量及表达式。改变尺寸约束,则约束将驱动对象发生相应变化。

可通过下拉菜单"参数"的"标注约束"级联菜单来添加标注约束,如图9-7所示。如图9-8所示为标注约束的显示。

图9-7 标注约束菜单

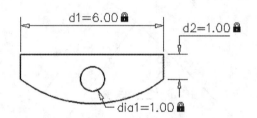

图9-8 标注约束的显示

在图9-8中,通过标注约束指定直线的长度 d1 应始终保持为 6.00 个单位,两点之间的垂直距离 d2 应始终保持为 1.00 个单位,圆的直径 dia1 应始终保持为 1.00 个单位。

注意:在设计中,应先用几何约束完全确定设计的形状,然后应用标注约束确定对象的大小。

将标注约束应用于对象时,会自动创建一个约束变量,以保留约束值。默认情况下,这些名称是系统自动指定的名称,如 d1 或 dia1。但是,用户可以在下拉菜单"参数"的"参数管理器"中对其进行修改和重命名。

标注约束可以创建为以下形式之一：

● 动态约束。

● 注释性约束。

(1)动态约束

默认情况下,标注约束是动态的。它们对于常规参数化图形和设计来说是非常理想的。动态约束的主要特征是:标注外观由固定的预定义标注样式决定,不能修改,且不能被打印。在图形缩放操作过程中,动态约束显示保持相同大小。

(2)注释性约束

注释性约束的标注外观由当前标注样式控制,可以修改,也可打印。在图形缩放操作过程中,注释性约束的大小会发生变化。可把注释性约束放在同一图层上,设置颜色及改变可见性。

动态约束与注释性约束之间可相互转换。其具体方法是:选择尺寸约束,单击鼠标右键,在出现的快捷菜单中选中"特性"选项,打开"特性"选项板,在"约束形式"下拉列表中指定尺寸约束要采用的形式。

9.4　标注约束的编辑与修改

对于已创建的尺寸约束,可采用以下方法进行编辑:

①双击尺寸约束或利用 DDEDIT 命令编辑约束的值、变量名称或表达式。

②选中尺寸约束,拖动与其关联的三角形夹点改变约束的值,同时驱动图形对象改变。

③选中约束,单击鼠标右键,利用快捷菜单中相应选项编辑约束。

如图 9-9 所示,三角形的两条边分别采用"标注约束"中的"对齐"和"水平"标注进行了标注。对圆采用"直径"进行标注。在修改时,双击要修改的尺寸,然后,输入新的尺寸后,图形会发生相应的修改,如图 9-10 所示。

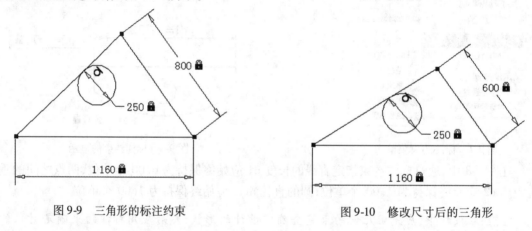

图 9-9　三角形的标注约束　　　　　图 9-10　修改尺寸后的三角形

9.5　采用函数和表达式标注约束

在工程设计中,采用参数化设计时,经常要处理的是一些系列化的产品设计。这些产品设计的特点是几何图形相似,零件的尺寸与零件的一个或几个主要参数有关,其尺寸的变化符合一定的函数或表达式关系。对这样的产品设计,采用 AutoCAD 提供的函数或表达式来标注约束就可以完成。例如,如图 9-11 所示,是一个圆和矩形关系的约束标注。

在图 9-11 中,可以看出圆心位置是与矩形的长和宽有关的,通过表达式约束标注,将圆的圆心约束在矩形的中心,而圆的半径则与圆的给定面积有关。长度和宽度标注约束参数设定为常量。d1 和 d2 约束为参照长度和宽度的简单表达式。半径标注约束参数设定为包含平方根函数的表达式,用括号括起以确定操作的优先级顺序,Area 是用户变量,还有除法运算符,以及常量 PI。这些参数均显示在参数管理器中,如图 9-12 所示。参数管理器在"参数"下拉菜单中,选择"参数管理器"并打开。

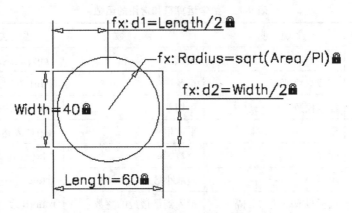

图 9-11　函数和表达式约束标注

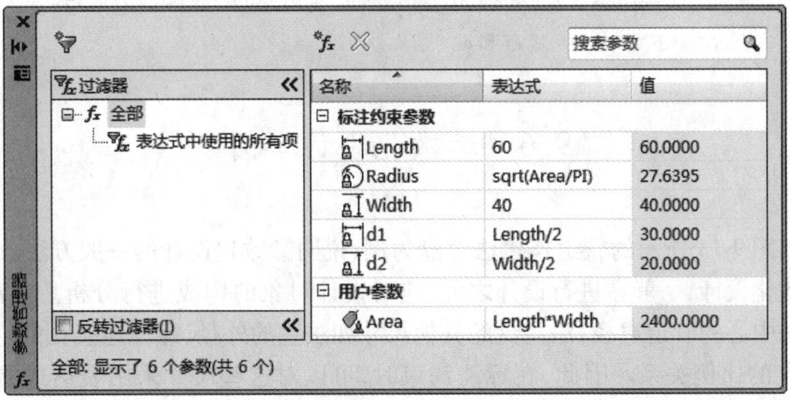

图 9-12　参数管理器

当一个动态标注约束包含一个或多个参数时,系统会将 ***fx***:前缀添加到该约束的名称中。此前缀仅显示在图形中。其作用是当标注名称格式设定为"值"或"名称"时,帮助避免意外覆盖参数和公式,因为该前缀可以抑制参数和公式的显示。

动态标注的显示格式设定可在快捷菜单中,选择"参数化"级联菜单,然后选中"标注名称格式",在"值""名称"和"名称和表达式"中进行切换。系统默认显示格式设置是"值",图9-11显示格式为"名称和表达式"。

在"参数管理器"中,可以对标注约束的名称、表达式和值进行编辑和修改,参数管理器支持以下操作:

- 单击标注约束参数的名称以亮显图形中的约束。
- 双击名称或表达式进行编辑。
- 单击鼠标右键,在快捷菜单中,单击"删除"按钮,以删除标注约束参数或用户变量。
- 单击列标题以按名称、表达式或值对参数的列表进行排序。

标注约束参数和用户变量支持在表达式中使用的运算符和常用的函数如表9-1所示。

表 9-1　数学运算符和常用的函数

符　号	说　明	函　数	语　法
+	加	余弦	**cos**（表达式）
-	减或取负值	正弦	**sin**（表达式）
%	浮点模数	正切	**tan**（表达式）
*	乘	平方根	**sqrt**（表达式）
/	除	对数，基数为 *e*	**ln**（表达式）
^	求幂	截取小数	**trunc**（表达式）
( )	圆括号或表达式分隔	舍入到最接近的整数	**round**（表达式）
.	小数分隔符	绝对值	**abs**（表达式）

注：1. 未列出的其他函数请参考 AutoCAD 帮助文件的"使用参数管理器控制几何图形"。

2. 表达式中还可以使用常量 *Pi* 和 *e*。

9.6　参数化设计举例

下面以如图 9-13 所示的管道连接法兰盘为例,说明参数化设计的一般方法。

作为参数化设计,一般在进行设计之前,应对设计对象的构成进行分析。对法兰盘来讲,其主要尺寸是中心的管道通径,法兰盘的其他尺寸如法兰的外径、螺栓连接孔的直径都与管道的通径成一定的比例关系。因此,在标注约束时,可以对这些尺寸采用表达式的方式进行标注,这样在中心孔的尺寸变化后,零件其余的尺寸可以按确定的表达式关系变化。

参数化绘图与通常的绘图有一些区别,基本的过程如下：

①绘制外轮廓的大致形状,创建的图形对象大小可以是任意的,相互间的位置关系如平行、垂直等可以是近似的。

②根据设计要求对图形元素添加几何约束,确定它们间的几何关系。

③添加尺寸约束确定各图形元素的精确大小及位置。创建的尺寸包括定形及定位尺寸,标注顺序可以按先大后小,先定形后定位的顺序进行。

本例的作图过程如下：

• 画出法兰的内孔和外径,用阵列的方式画出 8 个分布的连接螺栓孔。

• 对图形元素添加几何约束：如果没有画中心线,则法兰的内孔和外径之间应为"同心",法兰螺栓孔的分布圆与内孔之间也为"同心"约束;在画了中心线并开启"捕捉"和"推断约束"功能的情况下,这 3 个圆的位置约束自动为"重合",即与水平中心线和垂直中心线的交点重合。8 个小孔的圆心与角度分布线和分布圆交点的约束关系也为"重合"。

几何约束完成后的图形如图 9-14 所示。

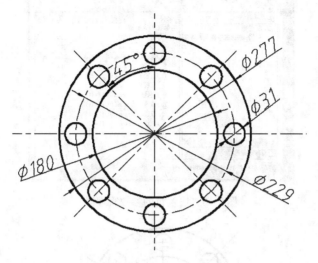

图 9-13 连接法兰盘

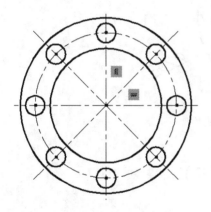

图 9-14 完成几何约束的法兰盘

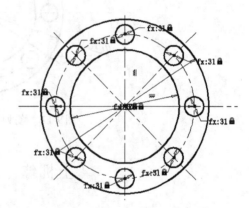

图 9-15 完成动态标注的法兰盘

- 添加标注约束:在本图中,中心孔 d1 为基本参数,按设计需要确定,其余参数随基本参数改变而变化。取法兰外径 d2=1.54d1,8 个小孔的分布圆"直径 1"=(d1+d2)/2;8 个小孔的直径=0.17d1;由于按表达式计算时,这些参数的名义尺寸可能会出现小数的情况,因此,对上述参数都采用了取整函数 round 对计算的结果进行取整。

这里要注意的是,在标注约束时,8 个小孔要分别标注。标注完成后的图形如图 9-15 所示。其参数管理器如图 9-16 所示。在参数管理器中,可以对参数名和表达式进行编辑。

- 对法兰盘进行尺寸标注。

- 完成后,将中心孔的尺寸修改为 160,在隐藏了几何约束和动态标注后,其图形如图9-17所示,由图可知,图形的大小和标注的尺寸都按设定的表达式自动发生改变。

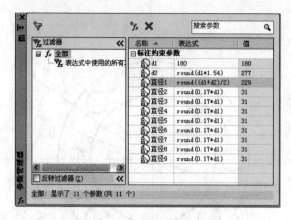

图 9-16　法兰盘的参数管理器

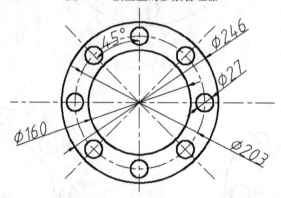

图 9-17　修改中心孔尺寸后的法兰盘

上机练习与指导(十三)

利用 AutoCAD 的参数化功能,绘制如图 9-18 所示的支架图形。可以先画出图形的大致形状,然后用给对象添加几何约束及尺寸约束的方法,使图形处于完全约束状态。

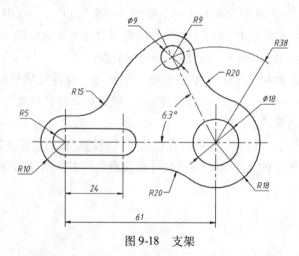

图 9-18　支架

第 **10** 章

三维建模基础

在前面各章中介绍了 AutoCAD 绘制二维平面图形的主要功能与方法, AutoCAD 除进行二维图形的绘制和编辑功能外, 还具有强大的三维造型设计功能, 可以进行三维图形元素、三维表面和三维实体的创建, 三维形体的多面视图、轴测图、透视图以及具有真实感的渲染图的设计等。

用 AutoCAD 的三维造型设计功能, 尤其是三维实体建模的设计功能, 能够使设计者从产品设计的最开始便得到极富真实感的产品或零件的实体形状, 有利于设计者对产品的设计和改进。从实体建模开始设计, 是现代产品设计方法发展的方向。

10.1 三维实体建模的基本知识

(1)三维实体建模

绘制三维图形首先要进行三维建模。在 AutoCAD 中, 二维对象都是在 XY 平面上, 因此, 赋予图形对象一个 Z 轴方向的值, 就可得到一个三维对象, 这个过程称为建模。AutoCAD 提供了 3 种建模方式, 即线框模型、表面模型和实体模型。实体模型是最高级的一种, 也是最方便、最实用的一种。它除具有线框模型和表面模型的所有特征外, 还具有体的信息, 可以对三维形体进行各种物性计算, 如质量、重心、惯性矩等。本节着重介绍三维实体建模的有关基本知识。

(2)空间坐标系

要绘制三维图形, 首先要了解空间坐标系。AutoCAD 的空间坐标系有 3 种, 分别是直角坐标、球面坐标和柱面坐标。

1)直角坐标

绘制平面图形时, 用 XY 坐标来确定点的位置。同理, 在绘制三维图形时, 用 XYZ 坐标来确定空间点的位置。空间点的位置也有绝对坐标和相对坐标两种方式。

如"200,250,100"是绝对坐标方式, "@200,250,100"是相对坐标方式。

2)球面坐标

球面坐标的点输入方式是由极坐标的概念推广到三维空间的。它是由 3 部分所组成: 与当前 UCS 原点的距离、在 XY 平面上的角度、由 XY 平面和点所在的夹角, 它们之间用"＜"符号分开。

如确定一个与 UCS 原点距离为 200,与 UCS X 轴夹角为 60°,与 UCS XY 面夹角为 30°的点,球面坐标表示为"200＜60＜30"。

3)柱面坐标

柱面坐标是由极坐标概念推广到三维空间的另一种表示法。它也是由 3 部分所组成:与当前 UCS 原点的距离、在 XY 平面上的角度、Z 坐标的值,距离与角度之间用"＜"符号分开,角度与 Z 坐标值之间用","隔开。

如确定一个与 UCS 原点距离为 100,与 UCS X 轴夹角为 60°,Z 坐标值 50 的点,柱面坐标表示为"100＜60,50"。

(3)用户坐标系 UCS

AutoCAD 默认的坐标系(WCS)是以 XOY 平面作为绘图的基准面。但是,在三维建模的过程中,通常需要不断地变换绘图基准面,将坐标系进行移动、旋转、转换等操作,变换后的坐标系称为用户坐标系 UCS。

下面介绍进行坐标系操作的基本方法。坐标系的相关操作既可以在 AutoCAD 的经典界面下进行,也可以在"三维建模"的界面下进行。为方便起见,在启动 AutoCAD 2011 后,将界面切换到"三维建模"界面,如图 10-1 所示。

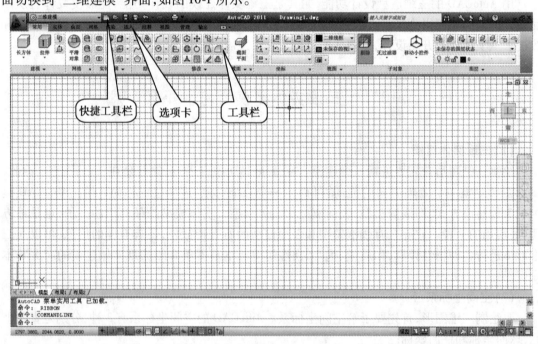

图 10-1　"三维建模"界面

在"常用"选项卡中,包括了一般三维建模所使用的一些工具。其中,有"坐标"工具栏,如图 10-2 所示。

1)UCS 图标的显示控制

用于显示或隐藏 UCS 坐标系的图标。

【命令】

"坐标"工具栏:单击"在原点处显示 UCS 图标"按钮，在出现

图 10-2　"坐标"工具栏

的下拉命令中,可以选择"显示"或"隐藏"UCS 坐标,或在"原点处显示 UCS 坐标"

　　命令行:**UCSICON**

　　2)新建 UCS 坐标

　　【命令】

　　"坐标"工具栏:单击"原点"按钮，建立新的用户坐标

　　命令行:**UCS**

　　通过选项可以按需要定义用户自己的坐标系。下面以在一个任意角度的斜面上画出另一个圆柱体为例进行说明:

　　根据图形的特点,绘图的基本步骤是首先画一个楔体,然后在斜面上画出圆柱体。

　　单击实体建模面板上"楔体"命令图标按钮，按命令行提示依次指定楔体底面的第一对角点、第二对角点和楔体高度,然后打开"对象捕捉"中的"中点",作辅助线如图 10-3(a)所示。

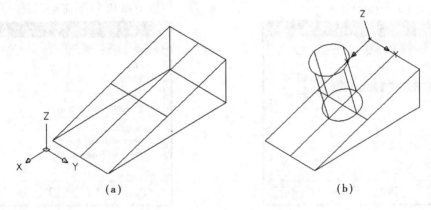

　　　　　　(a)　　　　　　　　　　　　　　　　(b)

图 10-3　用户坐标系的应用

　　命令:_UCS

　　当前 UCS 名称:*世界*

　　UCS 的原点或[面(F)/命名(NA)/对象(OB)/上一个(P)/视图(V)/世界(W)/X/Y/Z/Z 轴(ZA)]<世界>:

　　　　选择实体对象的面:　　　　　　　　　　　　　　　　　//单击 1 处;

　　　　输入选项[下一个(N)/X 轴反向(X)/Y 轴反向(Y)]<接受>:↙　//回车。

　　此时,坐标移至 1 处,且坐标的 XY 面与斜面重合。

　　单击"实体"工具条的"圆柱"命令图标按钮，按命令行提示依次指定圆柱底面的圆心、半径和圆柱体的高度,结果如图 10-3(b)所示。

　　为后续操作方便,应将 UCS 设回世界坐标系,只需输入"UCS"命令,然后选项"W"即可。

　　3)UCS 的命名、正交及设置

　　【命令】

　　"坐标"工具栏:单击"命名"按钮，弹出对话框,如图 10-4 所示。利用该对话框,可以

命名、正交和设置 UCS 坐标

命令行:**UCSMAN**

双击要命名的 UCS 对象,就可以对 UCS 进行重命名。单击"详细信息"按钮,会弹出当前坐标的详细信息,如图 10-5 所示。

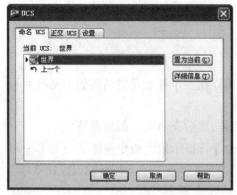

图 10-4 "UCS"对话框

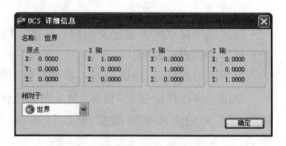

图 10-5 当前坐标信息

图 10-6 "正交 UCS"选项卡

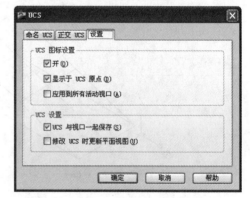

图 10-7 UCS 图标设置

单击"正交 UCS"选项卡,可以把某个视图设置为正交的 UCS 坐标系,如图 10-6 所示。单击"设置"选项卡,可以对 UCS 图标是否打开,是否显示于原点,是否与视口一起保存等进行设置,如图 10-7 所示。

(4) 动态 UCS

单击辅助绘图工具栏中的"允许/禁止动态"![按钮]按钮,使动态 UCS 功能打开,就可以使用动态 UCS 在三维实体的任意平面上创建对象,而无须手动更改 UCS 方向。

在执行命令的过程中,当将光标移动到三维实体的某个面上方时,动态 UCS 会临时将 UCS 的 XY 平面与三维实体的平面对齐。

动态 UCS 激活后,指定的点和绘图工具(如极轴追踪和栅格)都将与动态 UCS 建立的临时 UCS 相关联。

仍以图 10-3 为例,在楔体的斜面和其他面上绘制圆柱体。

单击实体建模面板上"楔体"命令图标按钮![图标],按命令行提示依次指定楔体底面的第一对角点、第二对角点和楔体高度,为观察方便,在"视图"下拉菜单中选择"三维视图"→"东北等轴测"。

打开"允许/禁止动态" 按钮,单击实体建模面板上"圆柱体"命令图标按钮 ,移动鼠标到楔体斜面上方。这时斜面变成虚线,在需要的地方拾取点,指定圆柱底面的圆心位置,然后按命令行提示依次指定圆的半径和圆柱的高,即可绘出与斜面垂直的圆柱。同理,也可在其他面上绘制圆柱,效果如图 10-8 所示。

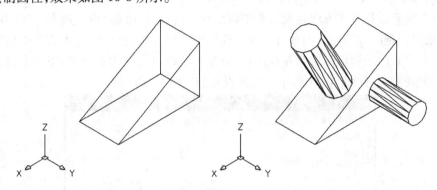

图 10-8　动态 UCS 的应用

(5) 多视口的创建

为了便于观察,AutoCAD 提供了多视口功能,可以在当前绘图窗口中创建多个视口,每个视口显示不同的视图。例如,可分别建立主视图、俯视图、左视图及等轴测图等,这样可以避免频繁地切换视点,观察起来更加方便。创建多个视口后,只能在当前活动视口中进行操作。要激活某个视口,只需在该视口中单击鼠标,此时,该视口边框变为粗线,鼠标显示为十字光标。其他未激活的视口边框为双细线,鼠标显示为箭头形式。在多视口中,无论在哪个视口中绘制或编辑图形,其他视口都会按投影关系产生相应的变化。

创建多视口的步骤如下:

① 打开"视图"选项卡,在视图选项卡内,有"视口"工具栏,如图 10-9 所示。

② 视口的命令。

【命令】

"视口"工具栏:点击"新建"图标按钮 ,弹出如图 10-10 所示的"视口"对话框

命令行:**VPORTS**

图 10-9　"视口"工具栏

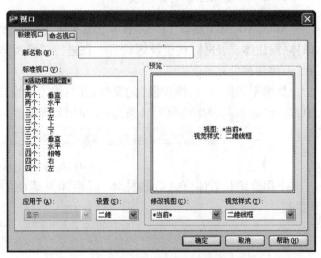

图 10-10　"视口"对话框

③新建视口。在"新名称"中输入新建视口的名称,然后在"标准视口"中选择所需的视口配置,单击鼠标后,该视口形式将显示在右边的预览区中。

④给每个视口分别设置一个视图或一种等轴测图。首先在"设置"下拉列表中,选择"三维",这时在预览区内会看到每个视口由 AutoCAD 自动分配了一个视图。如果该配置不是所希望的,可以重新设置。其方法是激活要重新设置的窗口,然后在"修改视图"的下拉列表中,选择希望设置的视图或等轴测图即可。为了与绘图习惯一致,一般应将上方左边的视口设置为主视图,上方右边的视口设置为左视图;下方左边的视口设置为俯视图,下方右边的视口设置为西南等轴测图。如图 10-11 所示为完成设置的"视口"对话框。

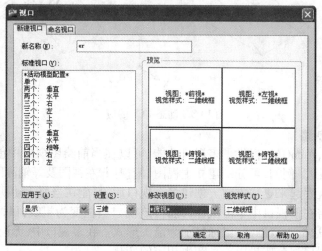

图 10-11 "视口"设置

10.2 三维实体建模

10.2.1 基本三维实体建模

AutoCAD 2011 提供了一组基本三维实体建模的命令,包括多段体、长方体、楔体、圆锥体、球体、圆柱体、圆环体、棱锥及螺旋等。在进行三维实体建模时,先将界面切换栏中的界面切换到"三维建模"。

如果不切换到"三维建模"的窗口,在二维绘图窗口工具栏的空处,单击右键,在下拉菜单中,选择"建模",弹出建模工具条,如图 10-12 所示。

图 10-12 建模工具条

下面介绍长方体、球体、圆柱体、圆锥体及螺旋的绘制,其他基本实体的绘制方法基本相同。

在 AutoCAD 2011 三维建模界面下,基本三维实体建模的命令在"常用"选项卡的"建模"工具栏内,如图 10-13 所示。

(1)绘制长方体

【命令】

"建模"工具栏:单击"长方体"命令图标按钮 ▢

命令行:**BOX**

单击"长方体"命令图标按钮 ▢ ,按命令行提示依次指定长方体底面的第一对角点、第二对角点和长方体高度。这里第一角点鼠标拾取,第二角点输入@400,200,即长方体长 400,宽 200,长方体高度输入 300,为观察立体效果,在"视图"工具栏中选择"三维导航"→"西南等轴测",效果如图 10-14 所示。然后切换到"视图"选项卡,在"视觉样式"工具栏中,选择"隐藏" ⬡ 后,效果如图 10-15 所示。"三维导航"下拉菜单如图 10-16 所示。"视觉样式"工具栏如图 10-17 所示。

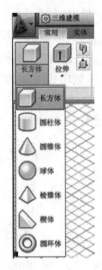

图 10-13　建模工具栏

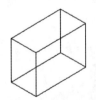

图 10-14　长方体建模

图 10-15　消隐后的长方体

图 10-16　三维视图下拉菜单

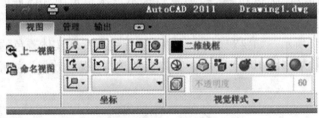

图 10-17　"视图"选项卡的"视觉样式"工具栏

(2)绘制球体

【命令】

"建模"工具栏:在"长方体"下拉菜单中,单击"球体"命令图标按钮 🔵

命令行:**SPHERE**

单击"球体"命令图标按钮 ,按命令行提示依次指定球体的球心位置、圆球的半径(或直径),这里球体的半径输入为"50",球体的三维模型就建立了。要观察立体效果,在"视图"工具栏中,选择"三维视图"→"西南等轴测",效果如图 10-18 所示。然后切换到"视图"选项卡,在"视觉样式"工具栏中,选择"隐藏" 后,效果如图 10-19 所示。

要观察实体着色效果,在"视觉样式"工具栏的"视觉样式"下拉菜单中,选择"真实",效果如图 10-20 所示。视觉样式选项版如图 10-21 所示。

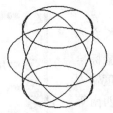

图 10-18　球体建模

图 10-19　消隐后的球体

图 10-20　设置视觉样式后的球体

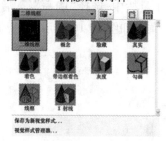

图 10-21　视觉样式选项版

(3)绘制圆柱体

【命令】

"建模"工具栏:"长方体"下拉菜单中,单击"圆柱体"命令图标按钮

命令行:CYLINDER

单击"圆柱体"命令图标按钮 ,按命令行提示依次指定圆柱体底面的圆心位置、半径(或直径)、圆柱体的高度,这里圆柱体的半径输入"50",高度输入"100",圆柱体的三维模型就建立了,如图 10-22 所示。如要观察立体效果,进行"隐藏"和实体着色的方法与前面的操作相同。"隐藏"后的效果如图 10-23 所示。实体着色选择"视觉效果"为"概念",其效果如图 10-24 所示。

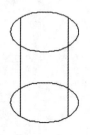

图 10-22　圆柱体建模

图 10-23　消隐后的圆柱体

图 10-24　设置视觉样式后的圆柱体

（4）绘制圆锥体

【命令】

"建模"工具栏:"长方体"下拉菜单中,单击"圆锥体"命令图标按钮 ⏺

命令行:**CONE**

单击"圆锥体"命令图标按钮 ⏺ ,按命令行提示依次指定圆锥体底面的圆心位置、半径（或直径）、圆锥体的高度,这里圆锥体的半径输入"100",高度输入"200",圆锥体的三维模型就建立了。进行视觉效果设置后,效果如图 10-25 所示。

还可以通过选择对象并操作夹点来更改对象的形状。如图 10-26 所示,使用夹点可以更改对象的高度、宽度和半径,也可以使用夹点将圆锥体变为圆台体。

图 10-25　圆锥体建模

图 10-26　圆锥体夹点编辑

（5）绘制多段体

【命令】

"建模"工具栏:单击"多段体"命令图标按钮 ⏹

命令行:**POLYSOLID**

单击"多段体"命令　　　　　命令行提示指定多段体高度 H,宽度 W,这里高度输入"100",宽度输入"10"。　　　定多段体起点,依次确定第二点,第三点等,多段体的三维模型就建立了。　　　,在"视图"下拉菜单中,选择"三维视图"→"西南等轴测",其效果如图 10-2　　　→"消隐"后的效果如图 10-28 所示。

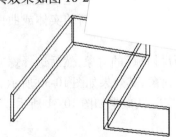

图 10-27　多段体建模

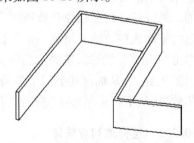

图 10-28　消隐后的多段体

(6) 绘制螺旋体

【命令】

"绘图"工具栏：单击"螺旋"命令图标按钮▓

命令行：**HELIX**

①单击"螺旋"命令图标按钮▓后，提示行提示：

指定底面的中心点：	//指定螺旋的底面的中心；
指定底面半径或［直径(D)］＜1.0000＞：	//指定螺旋底面半径；
指定顶面半径或［直径(D)］＜85.4472＞：**85**	//指定螺旋顶面的半径；
指定螺旋高度或［轴端点(A)/圈数(T)/圈高(H)/扭曲(W)］＜1.0000＞：	

圈高是指螺旋的节距，即一圈螺旋线上升的高度。

这里底面半径输入"45"，顶面半径"45"，圈数"6"，圈高 20，螺旋的三维模型就建立了。如要观察立体效果，在"视图"工具栏中，选择"三维视图"→"西南等轴测"，其效果如图 10-29 所示。

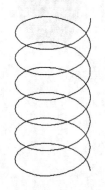 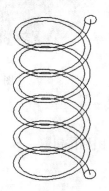 

图 10-29　螺旋建模　　　　　图 10-30　扫掠　　　　　图 10-31　弹簧

②用"绘图"工具栏中的画圆命令◎，在螺旋线的一个端点画圆，圆的半径等于弹簧的钢丝直径，这里绘制圆的半径为5。

③用"建模"工具栏的"扫掠"命令沿螺旋线进行扫掠。所谓"扫掠"，是指通过沿开放或闭合的二维或三维路径扫掠开放或闭合的平面曲线（截面轮廓）来创建新的实体或曲面。这里通过沿螺旋线扫掠圆来绘制一个弹簧。

单击"扫掠"按钮☝，按提示选择所画半径为 5 的圆为"扫掠"的对象，然后选择螺旋线作为"扫掠"的路径，从而创建类似于弹簧或线圈的三维实体对象，其效果如图 10-30 所示。要观察实体效果，从下拉菜单选择"视图"→"视觉样式"→"真实"，其效果如图 10-31 所示。

10.2.2　拉伸体和旋转体

除了基本立体建模外，AutoCAD 还提供了用拉伸、旋转、扫掠、放样等命令进行实体建模的方法。

(1) 拉伸体

【命令】

"建模"工具栏:单击"拉伸"命令图标按钮　　

命令行:**EXTRUDE**(或 **EXT**)

在 AutoCAD 中,可以作为"拉伸"对象的是闭合的多段线、矩形、正多边形、圆、椭圆、圆环、闭合的样条曲线及面域等。

下面以"拉伸"圆为例,说明拉伸的操作方法。为便于观察,先将视图设置为西南等轴视图。下拉菜单"视图"→"三维视图"→"西南等轴测图"。

命令:用画圆命令　绘制圆,作为"拉伸"对象,如图 10-32(a)所示。

命令:拉伸命令　　进行拉伸。

当前线框密度:ISOLINES = 8　　　　　　　// AutoCAD 默认的曲面轮廓素线的数量是 4,
　　　　　　　　　　　　　　　　　　　　　　为了更好地表现曲面的轮廓,可以在"工
　　　　　　　　　　　　　　　　　　　　　　具"→"选项"的"显示"选项卡中,对该数
　　　　　　　　　　　　　　　　　　　　　　值进行更改,本例是将"曲面轮廓素线"设
　　　　　　　　　　　　　　　　　　　　　　置为 8;

选择对象:找到 1 个　　　　　　　　　　　//选择圆;

选择对象:↙　　　　　　　　　　　　　　//结束选择;

指定拉伸高度或［路径(P)］:**100** ↙　　//输入拉伸高度;

指定拉伸的倾斜角度 <0>:　　　　　　　// 给定拉伸的倾斜角度为 0 时,得到圆柱,如图
　　　　　　　　　　　　　　　　　　　　　　10-32(b)所示;给定拉伸的倾斜角度为正值
　　　　　　　　　　　　　　　　　　　　　　时,得到向内收缩的圆台,如图 10-32(c)所
　　　　　　　　　　　　　　　　　　　　　　示;给定拉伸的倾斜角度为负值时,得到向外
　　　　　　　　　　　　　　　　　　　　　　扩展的圆台,如图 10-32(d)所示。

　　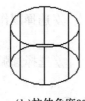　　　　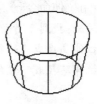

　(a)拉伸对象　　　(b)拉伸角度0°　　　(c)拉伸角度10°　　　(d)拉伸角度−10°

图 10-32　按倾斜角度拉伸圆

选项说明:

当选择"路径(P)"时,命令提示行出现提示如下:

选择拉伸路径:

系统要求选择拉伸时的路径,可以选择直线、圆、圆弧、椭圆、椭圆弧、多段线或样条曲线等。下面以绘制图 10-33(b)所示的圆管为例,说明按路径拉伸的操作方法。

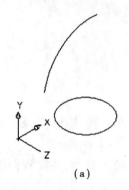

（a）　　　　　　　　　　　　　　　（b）

图 10-33　按路径拉伸圆

命令：用画圆命令◎绘制圆，作为"拉伸"对象，如图 10-33（a）所示。

命令：**UCS**↙　　　　//拉伸路径不能与拉伸对象共面，因此，建立一个新的坐标来绘制拉伸
　　　　　　　　　　　　路径。

［新建（N）/移动（M）/正交（G）/上一个（P）/恢复（R）/保存（S）/删除（D）/应用（A）/？ /
世界（W）］<世界>：**N**↙

指定新 UCS 的原点或［Z 轴（ZA）/三点（3）/对象（OB）/面（F）/视图（V）/X/Y/Z］ <0，
0,0>：**X**↙

指定绕 X 轴的旋转角度 <100>：↙

命令：用画圆弧命令╱画拉伸所经过的圆弧路径。

指定圆弧的起点或［圆心（C）］：　　　　　　　　//在适当位置指定路径圆弧的起点；
指定圆弧的第二个点或［圆心（C）/端点（E）］：　　//指定路径圆弧的第二点；
指定圆弧的端点：　　　　　　　　　　　　　　　//指定路径圆弧的端点。

命令：用拉伸命令▣进行拉伸。

选择对象：找到 1 个↙　　　　　　　　　　　　　//选择圆作为拉伸对象；
指定拉伸高度或［路径（P）］：**P**↙
选择拉伸路径或［倾斜角］：　　　　　　　　　　//选择圆弧作为拉伸路径。

对视图选择"隐藏"视觉样式后，效果如图 10-33（b）所示。

（2）旋转体

【命令】

"建模"工具栏："拉伸"下拉菜单中，单击"旋转"命令图标按钮☎

命令行：**REVOLVE**（或 **REV**）

在 AutoCAD 中，可以作为"旋转"对象的是：闭合的多段线、矩形、正多边形、圆、椭圆、圆
环、闭合的样条曲线及面域等。

下面以"旋转"如图 10-34（a）所示的面域为例，说明旋转命令的操作方法。

为便于观察，先将视图设置为西南等轴视图。

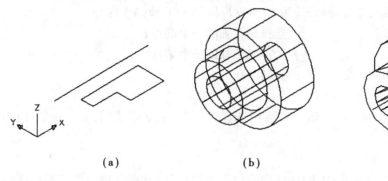

(a)　　　　　　　(b)　　　　　　　(c)

图 10-34　旋转面域

命令:用直线命令  绘制旋转轴线,打开极轴追踪并将极轴角设置为45°。

_line 指定第一点:　　　　　　　　　//指定合适位置;

指定下一点或［放弃(U)］:　　　　　//在 X 轴方向指定合适长度。

指定下一点或［放弃(U)］:↙

命令:用直线命令 ✏ 绘制旋转对象。

_line 指定第一点:　　　　　　　　　//指定合适位置;

指定下一点或［闭合(C)/放弃(U)］:**74** ↙　//用鼠标在 –Y 轴方向导向;

指定下一点或［闭合(C)/放弃(U)］:**150** ↙　//鼠标在 X 轴方向导向;

指定下一点或［闭合(C)/放弃(U)］:**85** ↙　//鼠标在 –Y 轴方向导向;

指定下一点或［闭合(C)/放弃(U)］:**205** ↙　//鼠标在 X 轴方向导向;

指定下一点或［闭合(C)/放弃(U)］:**1510** ↙　//鼠标在 Y 轴方向导向。

指定下一点或［闭合(C)/放弃(U)］:**C** ↙

命令:用"绘图工具栏"的面域命令 ▣ 将所绘制的旋转对象创建成面域。

选择对象: 找到 1 个

选择对象: 找到 1 个,总计 2 个

选择对象: 找到 1 个,总计 3 个

选择对象: 找到 1 个,总计 4 个

选择对象: 找到 1 个,总计 5 个

选择对象: 找到 1 个,总计 6 个

选择对象:↙　　　　　　　　　　　//结束选择。

其效果如图 10-34(a)所示。

命令:用面板上的旋转命令 ▤ 旋转已创建的面域。

选择对象:找到 1 个

选择对象:↙　　　　　　　　　　　//结束选择;

指定旋转轴的起点或定义轴依照[对象(O)/X 轴(X)/Y 轴(Y)]：
　　　　　　　　　　　　　//选择旋转轴的一个端点；
指定轴端点：　　　　　　　//选择旋转轴的一个端点；
指定旋转角度 <360>:↙　　//旋转360°。

旋转后效果如图 10-34(b)所示。对视图选择"隐藏"视觉样式后,效果如图 10-34(c)所示。

(3)扫掠、放样

"扫掠"和"放样"是 AutoCAD 2007 新增的功能,"扫掠"的功能在前面创建螺旋体中已作介绍,下面介绍通过放样创建实体。

【命令】
"建模"工具栏:"拉伸"下拉菜单中,单击"放样"命令图标按钮
命令行:**LOFT**

要通过放样创建实体,首先创建一组横截面,如图 10-35(a)所示。然后单击面板上的"放样"按钮,选择横截面并回车,效果如图 10-35(b)所示。对视图选择"真实"视觉样式后,效果如图 10-35(c)所示。

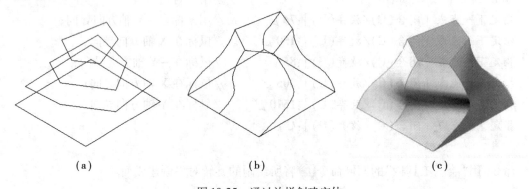

　　　(a)　　　　　　　　　　(b)　　　　　　　　　　(c)

图 10-35　通过放样创建实体

10.2.3　三维实体建模中的布尔运算

在实际的设计建模中,大多数的零件形状都不是简单的几何体形状,对复杂形状零件的建模,是将零件分解成很多简单的形状,对这些简单形状分别建模,通过一定的逻辑运算,就得到复杂的零件几何模型。在 AutoCAD 中,可以对三维实体进行布尔逻辑运算,包括并集、差集和交集。这些操作是通过选择"实体编辑"工具栏的相应命令来完成的,"实体编辑"工具栏如图 10-36 所示。

图 10-36　实体编辑工具栏

(1)并集运算

"并集"运算就是将两个或多个实体模型合并成一个组合实体模型。

【命令】

"实体编辑"工具栏："并集"图标按钮

命令行:**UNION**

下面用"并集"命令创建两垂直相贯圆柱的实体模型。

"视图"工具栏→"三维导航"→"前视"。

命令:用"圆柱体"命令　画大圆柱。

命令:_cylinder

指定底面的中心点或［三点(3P)/两点(2P)/相切、相切、半径(T)/椭圆(E)］:

　　　　　　　　　　　　　　　　//在主视图的合适位置指定大圆柱圆心。

指定底面半径或［直径(D)］＜40.0000＞:**60**

指定高度或［两点(2P)/轴端点(A)］＜80.0000＞:**120**

为便于观察,选择"视图"→"三维导航"→"西南等轴测",效果如图 10-37(a)所示。

命令:用"圆柱体"命令　画小圆柱。

在下拉菜单中选择"视图"→"三维导航"→"俯视"。

命令:_cylinder

指定底面的中心点或［三点(3P)/两点(2P)/相切、相切、半径(T)/椭圆(E)］:**60**

　　　　　　　　　　　　　　　//在俯视图中大圆柱中心线上利用对象追
　　　　　　　　　　　　　　　踪指定小圆柱的圆心。

指定底面半径或［直径(D)］＜60.0000＞:**40**

指定高度或［两点(2P)/轴端点(A)］＜120.0000＞:**80**

为便于观察,选择"视图"→"三维导航"→"西南等轴测",效果如图 10-37(b)所示。

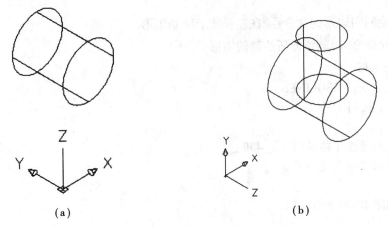

（a）　　　　　　　　　　　　　　（b）

图 10-37　两垂直相贯圆柱的建模

下面进行两圆柱体的并集运算,使之成为一个整体。

【命令】

工具栏:"实体编辑"工具栏中"并集"命令图标按钮

命令：_union

选择对象：找到 1 个

选择对象：找到 1 个,总计 2 个

选择对象：↙

两垂直圆柱合并为一个实体,消隐后效果如图 10-38(a)所示。对视图选择"真实"视觉样式后,效果如图 10-38(b)所示。

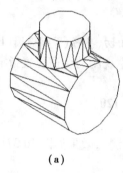 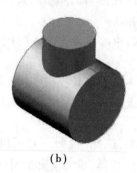

（a） （b）

图 10-38 两垂直圆柱并集

（2）差集运算

差集运算就是从一个实体模型中减去一个或多个实体模型。用于在已有的实体中进行挖孔、开槽等建模操作。

【命令】

"实体编辑"工具栏:单击"差集"命令图标按钮◉◉

命令行:**SUBTRACT**

下面用"差集"命令创建一个截切体的实体模型。为观察方便,采用图 10-11 所设置的多视口进行绘图。

命令:用绘制四边形的命令▢在左视图上绘制矩形。

命令:用拉伸命令◨拉伸所绘制的矩形。

命令:_extrude

当前线框密度: ISOLINES = 8

选择对象:找到 1 个

选择对象:↙

指定拉伸高度或 [路径(P)]:**400** ↙

指定拉伸的倾斜角度 <0 >:↙

其效果如图 10-39 所示。

命令:用直线命令╱在主视图上绘制被截切的梯形。

命令:"绘图"的"面域"命令图标按钮◙ //将用直线命令绘制的梯形创建成面域。

命令:_region

选择对象:找到 1 个 //选择直线命令绘制的梯形边;

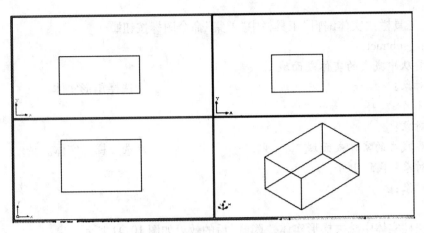

图 10-39　创建四棱柱的实体模型

选择对象：找到 1 个，总计 2 个

选择对象：找到 1 个，总计 3 个

选择对象：找到 1 个，总计 4 个

选择对象：↙　　　　　　　　　　　//结束选择。

已创建 1 个面域。

命令：用拉伸命令 ⬛ 拉伸梯形面域。

命令：_extrude

当前线框密度：ISOLINES = 8

选择对象：　　　　　　　　　　　//选择所画梯形；

找到 1 个

选择对象：↙

指定拉伸高度或［路径(P)］：　　//用鼠标指定，拉伸高度为四棱柱的宽度。

指定拉伸的倾斜角度 <0>：↙

其效果如图 10-40 所示。

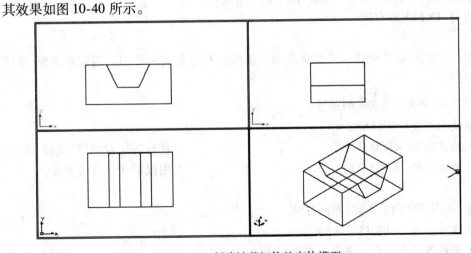

图 10-40　创建被截切体的实体模型

命令:工具栏:"实体编辑"工具栏中"差集"命令图标按钮⚙

命令: _subtract

选择要从中减去的实体或面域…

选择对象: //选择矩形实体;

找到 1 个

选择对象: ↙

选择要减去的实体或面域   //选择梯形实体。

选择对象: 找到 1 个

选择对象: ↙

从四棱柱实体中减去梯形实体,"隐藏"后的效果如图 10-41 所示。

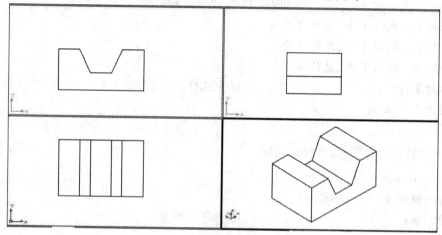

图 10-41   差集运算后的实体模型

(3) 交集运算

交集运算就是将两个或多个实体模型的公共部分创建成一个实体模型。

【命令】

"实体编辑"工具栏:单击"交集"命令图标按钮⚙

命令行:**INTERSECT**

下面用"交集"命令创建一个球体与圆柱体的公共部分实体模型。为观察方便,采用多视口进行绘图。

命令:用球体命令🔵绘制球体。

当前线框密度:ISOLINES = 8

指定球体球心 <0,0,0>:   //在合适位置用鼠标指定球心;

指定球体半径[直径(D)]:   //用鼠标指定合适半径。

命令:用圆柱体命令🟦绘制圆柱体。

当前线框密度: ISOLINES = 8

指定圆柱体底面的中心点或 [椭圆(E)] <0,0,0>:

指定圆柱体底面的半径或［直径(D)］:   //用鼠标在左视图的球体轴线上指
                                                             定圆柱圆心；

//用鼠标指定合适半径；

指定圆柱体高度或［另一个圆心(C)］:**400** ↙   //输入圆柱体高度。

对视图选择"隐藏"视觉样式后的效果如图 10-42 所示。

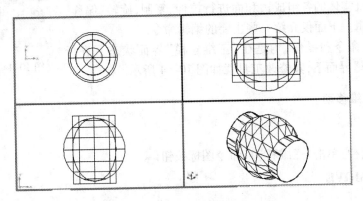

图 10-42 创建球体和圆柱体的实体模型

在创建两个实体的基础上,用"交集"命令创建两实体的公共部分的实体。

命令:工具栏:"实体编辑"工具栏中"交集"命令图标按钮⚫⚪。

命令:_intersect

选择对象: //分别选择两对象。

选择对象:找到 1 个

选择对象:找到 1 个,总计 2 个

选择对象:

对视图选择"隐藏"视觉样式后效果如图 10-43 所示。

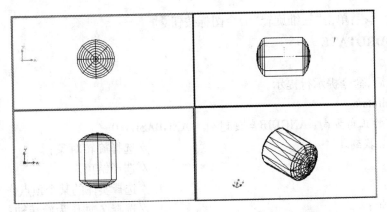

图 10-43 创建球体与圆柱体公共部分的实体模型

10.3 编辑三维实体

在 AutoCAD 中,可以使用三维操作命令,如三维移动、三维旋转、三维对齐、三维镜像、三维阵列、剖切、加厚等对三维实体进行操作,还可以对三维实体的各组成边和面进行拉伸、复制、旋转、偏移、着色、压印等编辑。下面仅介绍一些主要的编辑命令。

下面介绍的命令和操作,均是在"三维建模"界面状态下进行的,在"三维建模"界面下,其修改工具栏如图 10-44 所示。

图 10-44 修改工具栏

10.3.1 三维移动

【命令】

"修改"工具栏:单击"三维移动"命令图标按钮

命令行:**3DMOVE**

命令输入后,命令提示行提示:

命令:_3dmove

选择对象:找到 1 个　　　　　　　　　　//选择移动对象;

选择对象:✓　　　　　　　　　　　　//结束选择。

指定基点或 [位移(D)] <位移>:　　　　//在实体上选择移动基点;

指定第二个点或 <使用第一个点作为位移>:　　//选择需要移动到的位置。

10.3.2 三维旋转

【命令】

"修改"工具栏:单击"三维旋转"命令图标按钮

命令行:**3DROTATE**

命令输入后,命令提示行提示:

命令:_3drotate

UCS 当前的正角方向:ANGDIR = 逆时针　ANGBASE =0

选择对象:找到 1 个　　　　　　　　　//选择旋转对象;

选择对象:✓　　　　　　　　　　　　//选择结束。

指定基点:　　　　　　　　　　　　　//选择实体的某个顶点作为旋转基点;

拾取旋转轴:　　　　　　　　　　　　//选择 Z 轴作为旋转轴;

指定角的起点:**100**　　　　　　　　//绕 Z 轴逆时针转 100°。

其效果如图 10-45(b)所示。

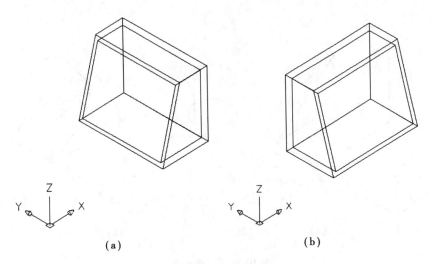

（a）　　　　　　　　　　　　　　　（b）

图 10-45　三维旋转

10.3.3　三维对齐

【命令】

"修改"工具栏：单击"三维对齐"命令图标 ▤

命令行：**3DALIGN**

命令：用"楔体"命令 ▨ 画楔体，用"圆柱体"命令 ▥ 画圆柱体，如图 10-46（a）所示。

现在用三维对齐的方式，将圆柱体放在楔体斜面上，为把圆柱体放置在斜面的中点上，在楔体斜面上作辅助线。

命令：_3dalign

选择对象：找到 1 个 ↙　　　　　　　　　　//选择圆柱体；

选择对象：↙　　　　　　　　　　　　　　//结束选择。

指定源平面和方向…

指定基点或［复制（C）］：　　　　　　　//选择圆柱体底面圆心作为源平面的对齐点；

指定第二个点或［继续（C）］＜C＞：↙　//结束选择。

指定目标平面和方向…

指定第一个目标点：　　　　　　　　　　//选择辅助线的中点；

指定第二个目标点或［退出（X）］＜X＞：　//选择斜面上的第二点；

指定第三个目标点或［退出（X）］＜X＞：　//选择斜面上的第三点。

其效果如图 10-46（b）所示。

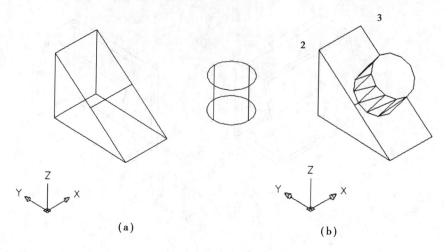

（a）   （b）

图 10-46   三维对齐

10.3.4   三维镜像

【命令】

"修改"工具栏:单击"三维镜像"命令图标%

命令行:**MIRROR3D**

命令:创建如图 10-47(a)所示的三维实体。

命令:_mirror3d

选择对象:找到 1 个↙↙

选择对象:↙

指定镜像平面（三点）的第一个点或

　　[对象(O)/最近的(L)/Z 轴(Z)/视图(V)/XY 平面(XY)/YZ 平面(YZ)/ZX 平面(ZX)/三点(3)] <三点>:YZ　　　　　　//以 YZ 平面作镜像面;

　　指定 YZ 平面上的点 <0,0,0>:　　//选择斜面的右下端点;

　　是否删除源对象?[是(Y)/否(N)] <否>:N

其效果如图 10-47(b)所示。

下面以斜面作为镜像面,效果如图 10-47(c)所示。

命令:_mirror3d

选择对象:找到 1 个↙↙

指定镜像平面（三点）的第一个点或

　　[对象(O)/最近的(L)/Z 轴(Z)/视图(V)/XY 平面(XY)/YZ 平面(YZ)/ZX 平面(ZX)/三点(3)] <三点>:　　　　　　//选择斜面上的第一点;

　　在镜像平面上指定第二点:　　　　//选择斜面上的第二点;

240

在镜像平面上指定第三点；　　　　//选择斜面上的第三点；

是否删除源对象？[是(Y)/否(N)] <否>:**N**

其效果如图 10-47(c)所示。

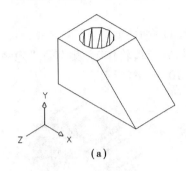
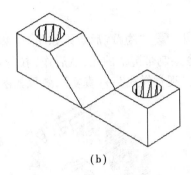
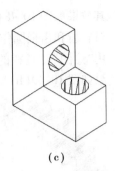

(a)　　　　　　　　　　(b)　　　　　　　　　　(c)

图 10-47　三维镜像

10.3.5　三维阵列

【命令】

"修改"工具栏:单击"三维阵列"命令图标

命令行:**3DARRAY**

下面以创建直齿圆柱齿轮实体模型为例,介绍"三维阵列"的功能。

命令:用"绘图"工具栏的命令绘制如图 10-48(a)所示的平面图形。将轮齿部分用　命令创建成面域,然后对轮齿和齿根圆进行"拉伸","西南等轴测"的效果如图 10-48(b)所示。

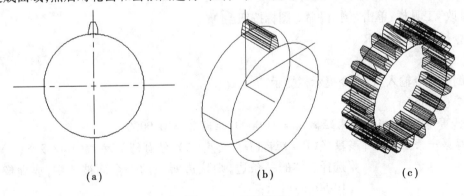

(a)　　　　　　　　　　(b)　　　　　　　　　　(c)

图 10-48　三维阵列

命令：_3darray

选择对象:找到 1 个

选择对象:✓

输入阵列类型[矩形(R)/环形(P)] <矩形>:**P**　　　//选择环形阵列；

输入阵列中的项目数目:**22**　　　　　　　　　　//输入齿轮齿数；

指定要填充的角度(+ =逆时针,- =顺时针) <360>:✓

旋转阵列对象? ［是(Y)／否(N)］ < Y > : **Y** ↙

指定阵列的中心点: //在阵列的旋转轴上指定第一点;

指定旋转轴上的第二点: //在阵列的旋转轴上指定第二点。

其效果如图 10-48(c)所示。

对轮齿和齿根圆作"并集"⚙,"隐藏"后效果如图 10-49(a)所示。

用"绘图"工具栏的命令绘制带键槽的孔,然后作"拉伸",并与齿轮作"差集"⚙,"隐藏"后效果如图 10-49(b)所示,"视觉样式"→"真实",效果如图 10-49(c)所示。

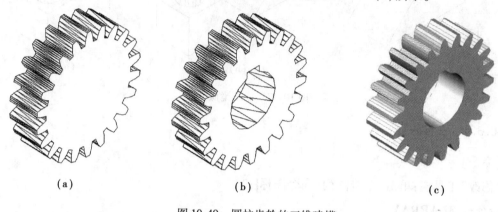

(a)   (b)   (c)

图 10-49   圆柱齿轮的三维建模

10.3.6 对实体棱边倒角

用实体建模的方法创建一个六棱柱体,然后对六棱柱进行倒角操作。

【命令】

"修改"工具栏:单击"倒角"命令图标按钮△倒角

命令行:CHAMFER

在倒角命令输入后,命令提示栏提示:

命令:_chamfer

("修剪"模式)当前倒角距离 1 = 0.0000,距离 2 = 0.0000

选择第一条直线或 ［多段线(P)／距离(D)／角度(A)／修剪(T)／方式(M)／多个(U)］:

                 //选择实体的一条边,则该边所在的一个面被选中,成虚像,如图

                   10-50(a)所示;

基面选择:

输入曲面选择选项 ［下一个(N)／当前(OK)］ <当前 > : **N** ↙

                 //该边所在的相邻的另一个面被选中,成虚像,如图 10-50(b)所示;

输入曲面选择选项 ［下一个(N)／当前(OK)］ <当前 > : ↙

指定基面的倒角距离 <0.0000 > : **10** ↙   //输入倒角距离;

指定其他曲面的倒角距离 <0.0000 > : **10** ↙   //输入倒角距离;

选择边或 ［环(L)］:**L** ↙

//输入"L",所选面的各边均倒角。如果选择所选面的某条边,则该边倒角。

选择边环或［边(E)］:↙

其效果如图 10-50(c)所示。

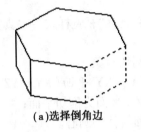 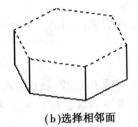 

(a)选择倒角边　　　　　(b)选择相邻面　　　　　(c)环倒角效果

图 10-50　三维实体倒角

10.3.7　对实体棱边倒圆

【命令】

"修改"工具栏:"倒圆"命令图标按钮

命令行:**FILLET**

下面,以一个四棱立方体倒圆角为例,说明倒角的操作步骤。

在倒圆角命令输入后,命令提示栏提示:

命令:_fillet

当前设置:模式 = 修剪,半径 = 0.0000

选择第一个对象或［多段线(P)/半径(R)/修剪(T)/多个(U)］:**R**↙
　　　　　　　　　　　　　　　　　　　　//选择输入倒圆角的半径;

指定圆角半径 <0.0000>:**30**↙　　　　//输入倒圆角半径;

选择边或［链(C)/半径(R)］:　　　　　//选择实体上需要倒圆角的边,
　　　　　　　　　　　　　　　　　　　　如图 10-51(a)所示。

已选定 4 个边用于圆角。

"视觉样式"选为"隐藏"的效果如图 10-51(b)所示。

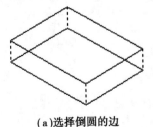 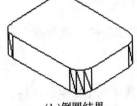

(a)选择倒圆的边　　　　　　　(b)倒圆结果

图 10-51　三维实体倒圆

10.3.8　三维实体的剖切

对三维实体进行剖切操作,是为了看清楚其内部的结构。

【命令】

命令行:**SLICE**

创建一个如图 10-52 所示的实体,然后进行剖切。为便于观察,选择"视觉样式"→"真实"。

命令:_slice

选择对象:找到 1 个　　　　　　　　　　　//选择剖切对象;

指定切面上的第一个点,依照［对象(O)/Z 轴(Z)/视图(V)/XY 平面(XY)/YZ 平面(YZ)/ZX 平面(ZX)/三点(3)］<三点>:**ZX**✓　//指定 ZX 平面为剖切平面;

指定 ZX 平面上的点 <0,0,0>:　　　　　//指定回转体的圆心。

在要保留的一侧指定点或［保留两侧(B)］:**B**✓

命令:用移动命令 ✛ 移动剖切后的实体。

命令:_move 找到 1 个　　　　　　　　　　//将剖切后实体的前半部移开。

其效果如图 10-53 所示。

图 10-52　已剖切的实体

图 10-53　剖切后移开

10.4　组合体实体建模举例

下面以如图 10-54 所示的组合体为例,介绍复杂实体建模的过程。

(1)绘制长方体、垂直相贯的圆柱和侧板 3 部分形体

1)绘制长方体

【命令】

下拉菜单"视图"→"三维导航"→"主视"

命令:_box

指定第一个角点或［中心(C)］:

指定其他角点或［立方体(C)/长度(L)］:**L**

指定长度:**155**

指定宽度:**72**

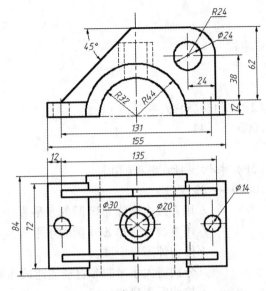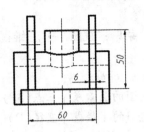

图 10-54　组合体三视图

指定高度或［两点(2P)］：12 ↙

【命令】
下拉菜单："视图"→"三维导航"→"俯视"

命令：_line　　//作辅助线，以确定 φ14 的圆心。
命令：_circle
指定圆的圆心或［三点(3P)/两点(2P)/相切、相切、半径(T)］：
　　　　　　　　　　　　　　　　　　　//选择辅助线的交点；
指定圆的半径或［直径(D)］<44.0000>：**7**
命令：_extrude
当前线框密度：　ISOLINES＝4
选择要拉伸的对象：找到 1 个　　　　　　　　//选择 φ14 的圆。

指定拉伸的高度或［方向(D)/路径(P)/倾斜角(T)］<−84.0000>：**−12**

其效果如图 10-55(a)所示。

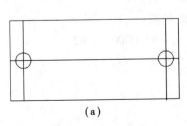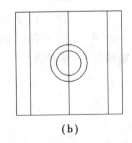

　(a)　　　　　　　　　　　(b)　　　　　　　　　　(c)

图 10-55　三部分实体建模

2)绘制两垂直相贯的圆柱

【命令】

下拉菜单:"视图"→"三维视图"→"主视"

命令:_circle

指定圆的圆心或［三点(3P)/两点(2P)/相切、相切、半径(T)］:

指定圆的半径或［直径(D)］<44.0000>:**44**

命令:_circle

指定圆的圆心或［三点(3P)/两点(2P)/相切、相切、半径(T)］:

指定圆的半径或［直径(D)］<44.0000>:**32**

命令:_line //用直线命令作 ϕ88 圆的水平直径。

命令:_line //用直线命令作 ϕ64 圆的水平直径。

命令:_trim //修剪掉下半个圆。

命令:_region //分别将大小半圆和直径创建成面域。

命令:_extrude //拉伸所创建的面域。

选择要拉伸的对象:找到 1 个

选择要拉伸的对象:找到 1 个,总计 2 个

选择要拉伸的对象:

指定拉伸的高度或［方向(D)/路径(P)/倾斜角(T)］<-84.0000>:**84**

【命令】

下拉菜单:"视图"→"三维导航"→"俯视"

命令:_line //作辅助线,以确定 ϕ30 的圆心位置。

命令:_circle

指定圆的圆心或［三点(3P)/两点(2P)/相切、相切、半径(T)］:

//选择辅助线的中点;

指定圆的半径或［直径(D)］<44.0000>:**15**

重复命令画 ϕ20 的圆。

命令:_extrude

当前线框密度: ISOLINES=4

选择要拉伸的对象:找到 1 个 //选择 ϕ30 的圆;

选择要拉伸的对象:找到 1 个 //选择 ϕ20 的圆;

指定拉伸的高度或［方向(D)/路径(P)/倾斜角(T)］<-84.0000>:**62**

其效果如图 10-55(b)所示。

3)绘制侧板

【命令】

下拉菜单:"视图"→"三维导航"→"主视"

命令：_line　　　　　　　　　　　　　　　　//用直线命令绘制侧板外形。

命令：_fillet　　　　　　　　　　　　　　　//倒 R24 的圆。

选择第一个对象或［放弃(U)/多段线(P)/半径(R)/修剪(T)/多个(M)］：**r**

指定圆角半径 <24.0000>：**24**　　　　　　//设置倒圆角半径为 24；

选择第一个对象或［放弃(U)/多段线(P)/半径(R)/修剪(T)/多个(M)］：

　　　　　　　　　　　　　　　　　　　　　//选择第一条倒圆角边；

选择第二个对象，或按住 Shift 键选择要应用角点的对象：　//选择第二条倒圆角边；

命令：_offset　　　　　　　　　　　　　　//作辅助线，确定 φ24 圆心
　　　　　　　　　　　　　　　　　　　　　　位置。

命令：_circle

指定圆的圆心或［三点(3P)/两点(2P)/相切、相切、半径(T)］：

指定圆的半径或［直径(D)］<15.0000>：**d**

指定圆的直径 <30.0000>：**24**

命令：_region　　　　　　　　　　　　　　//将侧板外形创建成面域。

命令：_extrude　　　　　　　　　　　　　//拉伸面域和圆。

选择要拉伸的对象：找到 1 个　　　　　　　//选择 φ30 的圆；

选择要拉伸的对象：找到 1 个　　　　　　　//选择所创建的面域；

指定拉伸的高度或［方向(D)/路径(P)/倾斜角(T)］<-84.0000>：**6**

其效果如图 10-55(c)所示。将侧板复制一个，西南等轴测图的效果如图 10-56 所示。

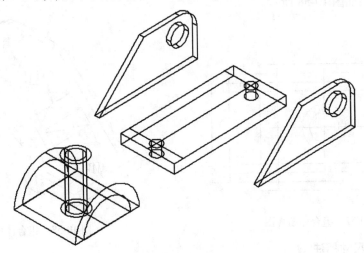

图 10-56　实体建模效果

(2)将 4 部分形体组合起来，组合时要特别注意它们之间的相对位置关系

【命令】

下拉菜单："视图"→"三维导航"→"俯视"

命令：_line　　　　　　　　　　　　　　　//在长方形底面作过中点的
　　　　　　　　　　　　　　　　　　　　　辅助线，以确定圆柱体的
　　　　　　　　　　　　　　　　　　　　　位置。

命令：_move 找到 4 个   // 分别选择两个半圆体和两个圆
                                                柱体。
指定基点或［位移(D)］＜位移＞：   // 指定圆柱体的圆心为基点；
指定第二个点或 ＜使用第一个点作为位移＞：   // 移动到长方体辅助线的中点。
命令：_move 找到 2 个   // 选择右侧板和 φ24 圆柱。
指定基点或［位移(D)］＜位移＞：   // 选择内侧的下角点作为基点；
指定第二个点或 ＜使用第一个点作为位移＞：**12**   // 在辅助线上向前追踪 12。
命令：_move 找到 2 个   // 选择左侧板和 φ24 圆柱。
指定基点或［位移(D)］＜位移＞：   // 选择内侧的下角点作为基点；
指定第二个点或 ＜使用第一个点作为位移＞：**12**   // 在辅助线上向后追踪 12。

其效果如图 10-57 所示。

【命令】
下拉菜单:"视图"→"三维导航"→"西南等轴测"

命令：_union   // 将长方体、两侧板、R44 的半圆柱、
                                                φ30 的圆柱并集。
命令：_subtract   // 在并集得到的组合体中减去 φ14,
                                                φ20,φ24 的圆柱和 R32 的半圆。
消隐后效果如图 10-58 所示。

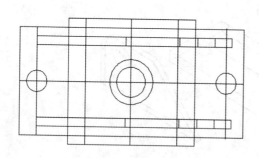

图 10-57　组合体俯视图

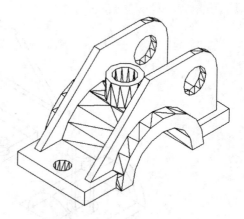

图 10-58　组合体模型

(3) 组合体尺寸标注

三维实体的尺寸标注,与二维平面图形和轴测图的尺寸标注都不同,它需要定义恰当的 UCS,才能进行正确的标注。UCS 的定义要使得尺寸线的基准点在它所要标注的那个平面上,因此,对于不同的平面标注就要定义不同的用户坐标系。

下面对图 10-58 的实体模型进行尺寸标注。

首先标注底平面的尺寸。

【命令】
下拉菜单:"坐标"→"新建 UCS"→"原点"

命令：_ucs

指定 UCS 的原点或［面(F)/命名(NA)/对象(OB)/上一个(P)/视图(V)/世界(W)/X/

Y/Z/Z 轴(ZA)］＜世界＞：　　　　　　　//指定半圆的圆心为基点↙。

　　将 UCS 定义在底平面后,就可进行底平面的尺寸标注了,当标注尺寸 84 和 72 时,需将 UCS 绕 Z 轴转 –100°,否则数字的方向不对。其效果如图 10-59 所示。

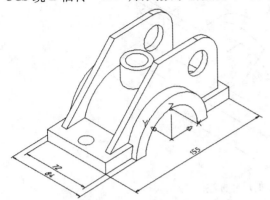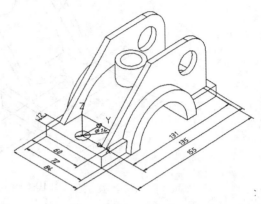

图 10-59　组合体底面尺寸标注　　　　　　　　图 10-60　长方体上平面尺寸标注

　　标注长方体上平面的尺寸时,需将 UCS 定义到该平面上,如图 10-60 所示。

　　标注半圆的尺寸时,需将 UCS 定义到半圆的圆心上,并且 XY 平面与所标注的平面平行, 效果如图 10-61 所示。

　　标注侧板的尺寸时,需将 UCS 定义到 φ24 圆的圆心上,并且 XY 平面与所标注的平面平行,效果如图 10-62 所示。

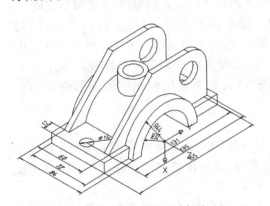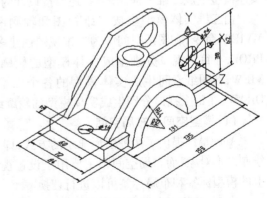

图 10-61　半圆面的尺寸标注　　　　　　　　图 10-62　侧板的尺寸标注

　　其他的尺寸标注方法以此类推,不再赘述。总之,需要标注哪个面上的尺寸,UCS 就要定义到哪个面上,并且 XY 坐标面与所标注的面平行。如果数字方向不对,还应将 UCS 绕 Z 轴旋转。完成标注后的效果如图 10-63 所示。

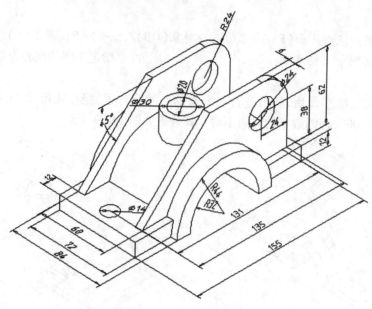

图 10-63   组合体的尺寸标注

10.5   由三维实体模型生成二维视图

在 AutoCAD 中,通过三维实体造型设计,确定产品零件的形状和尺寸后,直接采用三维实体模型生成平面二维视图,是实现从实体开始进行产品设计的重要环节。一般来说,通过三维实体模型生成二维平面图形后,还要按设计的要求,对图形进行一定的编辑,才能最后完成。

由三维实体模型生成二维视图和轴测图的方法有两种:第一种方法是用 VPORTS 或 MVIEW 命令,在图纸空间中为二维视图创建多个视口,然后使用创建实体轮廓线的命令 SOL-PROF,在每个视口分别生成实体模型的轮廓线。第二种方法是用创建实体视图命令 SOL-VIEW,在图纸空间生成实体模型的各个二维视图视口,然后使用创建实体图形命令 SOL-DRAW,在每个视口分别生成实体模型的轮廓线。

(1)模型空间和布局空间

AutoCAD 提供了两种图形显示的方式,即"模型空间"和"布局空间",模型空间主要用于绘制图形对象,而布局空间则主要用于设置视图的布局,进行图纸输出。通过 AutoCAD 界面上的模型标签和布局标签可以进行切换。

在 10.1 节中介绍了在模型空间创建多视口的方法,但是利用该方法只能在绘图区显示多个视口,而打印时却只能打印当前视口的内容。因此,如果要在一张图纸上同时输出多个视图的内容,只能使用图纸空间。

(2)由三维实体生成三视图及轴测图

下面通过图 10-58 的实体模型来说明采用第一种方法生成三视图及轴测图的操作步骤。

①命令:用打开文件命令 ![icon] 打开创建的实体模型图纸"实体模型. dwg"。并将该图纸用"另存为"命令以一个新的名字进行保存。这里存为"实体模型三视图. dwg"。

②用鼠标右键单击"布局"标签,在弹出的快捷菜单中,选中"页面设置管理器"打开如图

10-64 所示的"页面设置"对话框,对图纸大小进行设置。这里设置为 ISOA3。单击确定,进入图纸空间,如图 10-65 所示。然后,用删除命令 ![icon] 删除整个视口。在操作时,用鼠标单击图中的实线边框,就可以选中整个对象。

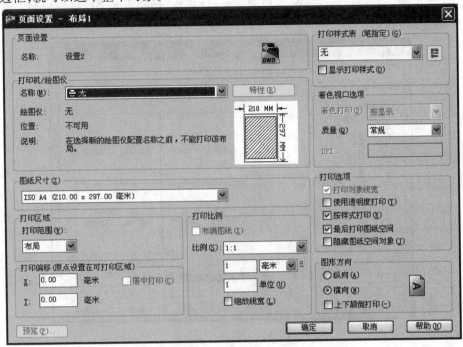

图 10-64　"页面设置"对话框

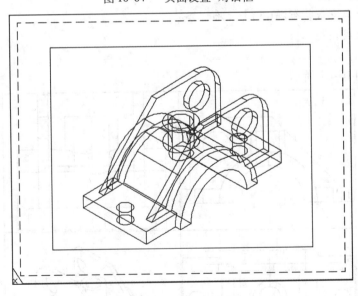

图 10-65　图纸空间中的视口

③创建多个视口。

【命令】

工具栏:"视图"→"视口"→"新建视口" ![icon]

命令行：**VPORTS**

在命令输入后，将打开如图 10-66 所示的"视口"对话框。选择视口为 4 个，"设置"的下拉列表选中"三维"，并按我国标准的三视图位置对"预览"栏的视图名称进行设置。设置完成后，单击"确定"按钮。

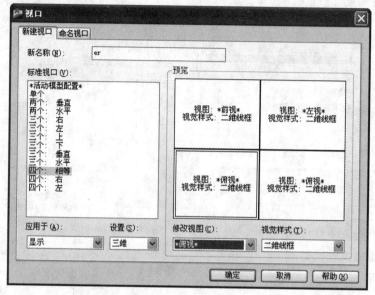

图 10-66 "视口"对话框

命令提示栏提示：

指定第一个角点或 [布满(F)] <布满>：↙

正在重新生成模型。

其效果如图 10-67 所示。

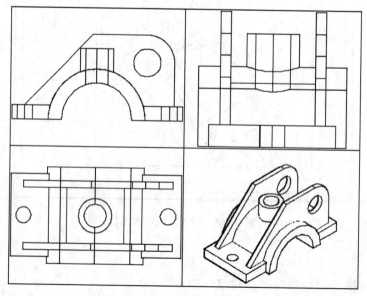

图 10-67 创建多个视口

④创建实体轮廓线。

命令行:MSPACE ✓　　　//在图纸布局中,切换到模型空间,或在视口内双击。

【命令】

命令行: **SOLPROF**

下拉菜单:"绘图"→"建模"→"设置"→"轮廓"

命令输入后,命令提示栏提示:

选择对象:　　　　　　　//在左上角的主视图视口中,单击鼠标,激活视口,这时,视口的
　　　　　　　　　　　　　边框变成粗黑实线,然后,在视口中选择实体对象。

找到 1 个

选择对象:✓

是否在单独的图层中显示隐藏的轮廓线? [是(Y)/否(N)] <是>:✓

是否将轮廓线投影到平面? [是(Y)/否(N)] <是>:✓

是否删除相切的边? [是(Y)/否(N)] <是>:✓

已选定一个实体。

重复执行 SOLPROF 命令,分别对俯视图、左视图进行实体轮廓线的创建。其效果如图 10-68 所示。

这里从图 10-68 的效果上看与图 10-67 一样,但实际上是不一样的,图 10-67 是立体模型的视图,而不是平面图形,通过执行 SOLPROF 命令,才能将立体图转换为平面图。如将布局空间切换到模型空间则能看得很清晰,如图 10-69 所示。

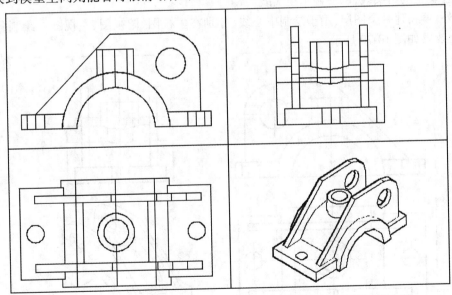

图 10-68　创建多个视口

⑤对创建的平面图形进行编辑。

命令:PSPACE ✓　　　//从图纸布局切换到图纸空间,或在视口外双击。

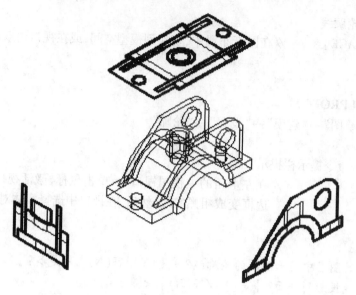

图 10-69　模型空间

单击"图层管理器"命令图标按钮 ![layer icon]，打开"图层管理器"。在"图层管理器"中，将视口框线选中后放在"VPORTS"层上，然后关闭 VPORTS 层，这样图纸输出时视口框不显示。在系统从三维实体模型生成二维平面图的过程中，系统默认为每个视图的看得见的轮廓线和看不见的轮廓线分配了图层和线型。其中，以 PH 开头的是不可见轮廓线形成的虚线，将以 PH 开头的线型设置为虚线的线型，以便显示虚线。以 PV 开头的是可见轮廓线，将以 PV 开头的线型设置为有线宽的粗实线，以便显示粗实线。

另外，再新建一个图层，用于绘制中心线，分别在主视图、俯视图、左视图中绘制各视图的中心线，效果如图 10-70 所示。

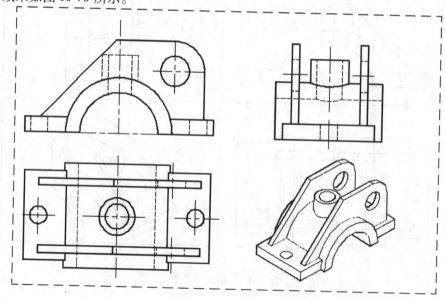

图 10-70　完成的图形

说明：图形粘在一起时，移动立体模型的位置，使 3D 与 2D 分开。如果需要标注尺寸，应转换到模型空间的各个视图中进行，方法与二维平面图形尺寸标注完全一样。

10.6　物 性 计 算

在机械产品设计中，如果进行平面绘图，可以用 AutoCAD 的查询功能进行多种查询，如距离、半径、角度和图形的面积等参数。而完成零件的三维实体造型后，也可以利用 AutoCAD 提供的查询功能，方便地得到零件实体的体积、质心、惯性矩等设计计算参数。

下面介绍的内容，是在"AutoCAD 经典"的界面下进行的。"查询"的下拉菜单如图 10-71 所示。

图 10-71　"查询"下拉级联菜单

【命令】
命令行：**MASSPROP**
下拉菜单："工具"→"查询"→"面域/质量特性"

在命令输入后，命令提示行会提示：
选择对象：　　　// 选取要计算的零件实体。
找到 1 个
选择对象：↙

在结束选择后，系统会弹出如图 10-72 所示的 AutoCAD 文本窗口，显示查询信息。本例是如图 10-52 所示实体的质量特性。

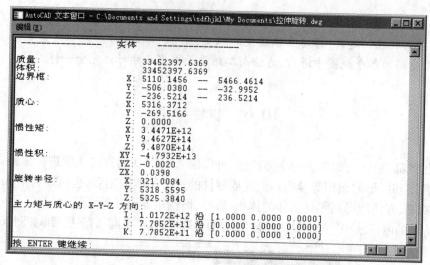

图 10-72　AutoCAD 文本窗口

　　在 AutoCAD 中，将实体材料的密度设为"1"，因此，其体积与质量是相等的。但如果要求金属零件的质量，则应考虑其材料的具体比重。

第 **11** 章

图形输出

在机械产品图纸设计绘制完成后，一般要打印输出成为图纸，这是计算机辅助机械产品设计绘图的最后一个环节。本章将简要介绍计算机打印输出图纸的设置和操作。

11.1　配置打印设备

计算机是通过一定的打印输出设备实现打印输出的。因此，在使用 AutoCAD 输出设计图纸之前，要先配置好打印的输出设备。打印输出设备的安装，可以采用以下两种方式：

（1）在 Windows 环境下安装打印设备

以 Windows XP 为例，简单说明安装过程。在执行 Windows 桌面的"开始"→"打印机和传真"命令后，从如图 11-1 所示的"打印机和传真"对话框中，双击"添加打印机"图标，按出现的"添加打印机向导"对话框提示的方法进行打印机的安装。

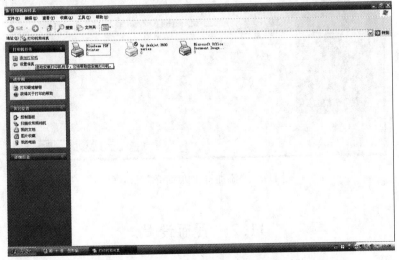

图 11-1　"打印机和传真"对话框

（2）在 AutoCAD 中设置打印设备

①启动 AutoCAD 2011，在选取下拉菜单"文件"→"绘图仪管理器"命令后，系统会打开"Plotters"窗口，如图 11-2 所示。

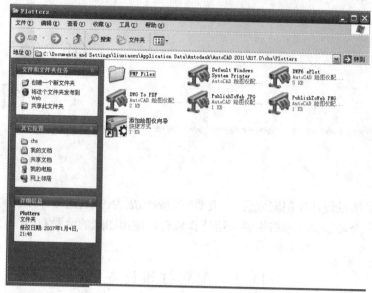

图 11-2 "Plotters"窗口

②双击"添加绘图仪向导"图标，打开"添加打印机-简介"对话框，如图 11-3 所示。

③单击"下一步"按钮，按照"添加打印机向导"中出现的提示，进行打印机的安装。

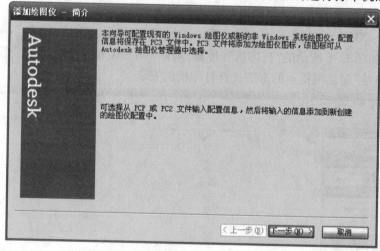

图 11-3 "添加打印机-简介"对话框

11.2 页面设置

打印机安装好以后，就可以打印输出图纸了。在打印图纸之前，要对图纸的页面进行一定的设置。

（1）页面设置

准备要打印或发布的图形需要指定许多定义图形输出的设置和选项。这些设置可以保存为页面设置文件。

进行页面设置要打开"页面设置管理器"对话框，方法是：下拉菜单"文件"→"页面设置管理器"。"页面设置管理器"如图 11-4 所示。单击"新建"按钮，打开"新建页面设置"对话框，可以在其中创建新的页面设置，如图 11-5 所示。单击"确定"按钮，将打开"页面设置"对话框，如图 11-6 所示。

单击"页面设置管理器"中的"修改"按钮，也可以打开"页面设置"对话框。

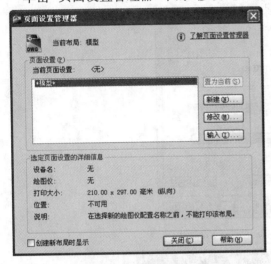

图 11-4　"页面设置管理器"对话框　　　　　　　图 11-5　"新建页面设置"对话框

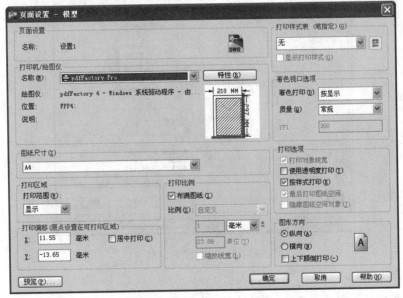

图 11-6　"页面设置"对话框

"页面设置"对话框各部分的功能和设置如下：

①"打印机/绘图仪"选项组：用于选择和设置输出设备。

259

在"名称"下拉列表中，选择当前要使用的绘图输出设备。作为示例，这里选择的是"hp deskjet 3600 series"。如果要了解输出设备的设置情况，单击"特性"按钮，打开如图 11-7 所示的"绘图仪配置编辑器"对话框。然后单击下方的"自定义特性"按钮，会打开当前输出设备的"属性"对话框，如图 11-8 所示。在"属性"对话框中，可以对"纸张/质量""效果"等内容进行设置。

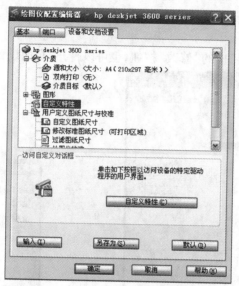

图 11-7　"绘图仪配置编辑器"对话框

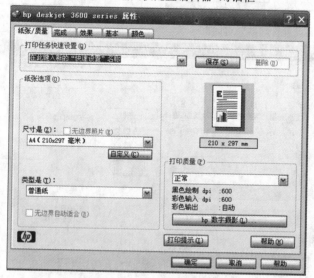

图 11-8　"属性"对话框

注意：对不同的打印输出设备，其属性对话框的样式和内容会有所不同。

②"打印样式表"选项组：用于选择和创建新打印样式表。用该选项可以在"打印样式表编辑器"中对实际输出图形的线型、线宽等样式进行设置和改变。在通常按绘图的设置进行

输出的情况下,一般不用进行设置,按系统的默认设置即可。

③"图纸尺寸"选项组:用于设置打印图纸的幅面。在"图纸尺寸"下拉列表中,选择图纸的幅面。

④"打印区域"选项组:用于指定输出图形的打印范围。在下拉列表中,可以选择要打印的范围。

"图形界限"是指输出由"图限"命令设置的绘图区域内的图形。

"范围"表示在设置的图幅范围内,尽可能大地打印图形的所有内容。

"显示"表示打印当前视口中的内容。

"窗口"表示打印由矩形选择窗口所选择的内容,在仅需要输出图纸的部分内容时使用。在单击"窗口"按钮后,会返回到绘图窗口,用矩形窗口选择要输出的内容。

⑤"打印偏移"选项组:用于设置打印出图时,输出图形在图纸上的布局。其默认值是图纸左下角的坐标原点为打印起点。可设置打印起点的坐标值来改变图形在图纸上的布置。如选择"居中打印",则图形会居中布置。

⑥"打印比例"选项组:用于设置打印比例。一般按系统的默认设置:"布满图纸"。这样,在打印输出的图纸大小与绘图设置的图幅不一致时,系统会按打印输出的图纸幅面自动计算放大或缩小比例,实现绘图设置的图幅与打印输出图纸大小之间的最好配合,将所绘图纸布置在输出图纸上。下面的比例值是设计的图纸绘图"单位"与输出图纸图幅尺寸"毫米"的比例。

如果在绘图采用 1∶1 的比例,这里的打印比例实际上就成为我们通常所说的绘图比例。正因为 AutoCAD 能按实际输出图纸的大小自动设置输出比例,因此,在绘图时可以不考虑图幅的大小,按 1∶1 的比例进行绘图。

注意:在绘图与输出之间不是按 1∶1 的比例的关系打印图纸时,要注意对图中文字的大小进行合适的设置,可采用前面介绍的"注释性"属性进行标注,一般在图纸缩小输出比较多的情况下,输出后,尺寸的文字可能会比较小;另一个问题是标题栏,如果在图纸上绘制好了标题栏,最后又没有按 1∶1 的比例的关系打印图纸,就会使标题栏的尺寸发生变化,不再符合标准的要求,在这种情况下,可在图纸的图幅选择好后,将标题栏按 1∶1 的比例的关系粘贴到图纸上。

⑦"着色视口选项"选项组:指定着色和渲染视口的打印方式,并指定其分辨率和 DPI 值。

⑧"打印选项"选项组:用于设置打印选项,如线宽、显示打印样式和打印几何图形的次序等。

⑨"图形方向"选项组:用于设置图纸输出时的方向。

(2)打印预览

在对图纸打印输出进行了设置后,通过 AutoCAD 提供的打印预览功能,对将要输出的实际效果进行观察。如不满意,可以对打印输出设置进行修改。"打印预览"效果如图 11-9 所示。

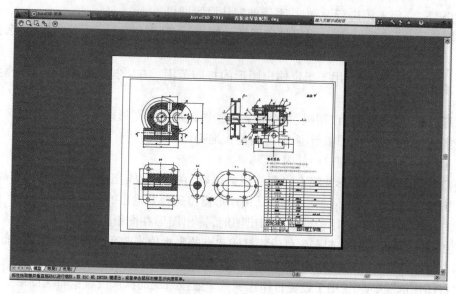

图 11-9　"打印预览"

在预览满意后,单击"打印"对话框的"确定"按钮,就开始打印输出图纸。

11.3　打印输出

具体准备输出图纸时,可以采用下面 3 种方法:

【命令】

工具栏:"标准工具栏"中的"打印"图标按钮

命令行:**PLOT**

下拉菜单:"文件"→"打印"

输入命令后,系统将打开如图 11-10 所示的"打印"对话框。

"打印"对话框的内容,与前面的"页面设置"对话框基本上是一样的。其中,"打印到文件"复选框用于将图纸输出到文件,如选中,则要给出指定文件的名称和路径。

11.4　电子出图

随着互联网的发展,利用互联网技术来传输设计图纸,充分利用各种分布资源,实现协同设计和远程设计,对缩短产品设计周期,实现资源共享和提高企业的市场竞争能力是非常重要的。AutoCAD 提供的电子出图功能,可以在当前图形文件格式不损失原图形文件数据的前提下,将其转换为压缩的 DWF 文件格式,以便于文件在网上的传输。

下面介绍使用电子出图功能的操作设置方法。

①运行 AutoCAD,打开所需的图纸。

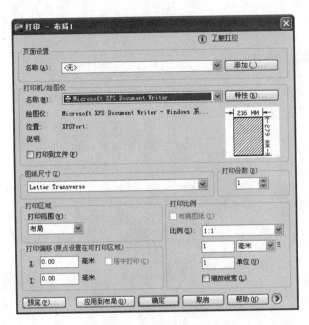

图 11-10　"打印"对话框

②单击标准工具栏的"打印"图标，打开"打印"对话框，在"打印设备"选项卡的"打印机配置"选项组、"名称"下拉列表中，选择"DWF6 ePlot. pc3"选项。

③单击"特性"按钮，打开如图 11-11 所示的"绘图仪配置编辑器-DWF6 ePlot. pc3"对话框，选择"设备和文档设置"选项卡"图形"下的"自定义特性"选项，然后单击对话框下方"访问自定义对话框"中的"自定义特性"按钮。打开如图 11-12 所示的"DWFG 电子打印特性"对话框。在对话框中，可以设置 DWF 文件的压缩方式、分辨率等压缩特性，一般可按系统默认设置。

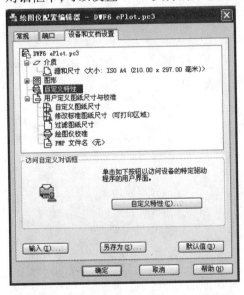

图 11-11　"绘图仪配置编辑器"对话框

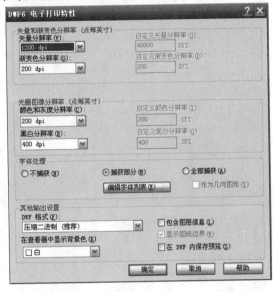

图 11-12　"DWFG 电子打印特性"对话框

④设置完成后，单击"确定"按钮，返回"打印"对话框。在"打印设备"选项卡下方"打印到文件"选项组的"文件名和路径"下拉列表中，设置要生成的 DWF 格式文件名和路径，然后单击"确定"按钮，则图形文件以 DWF 格式输出到指定的文件。